과학이

숨어 있는

명화

과학이 숨어 있는 명화

2007년 5월 22일 초판 1쇄 발행
2009년 4월 27일 초판 3쇄 발행

지은이 | 이명옥, 전영석
발행인 | 전재국

발행처 (주)시공사 · 시공아트
출판등록 1989년 5월 10일(제3-248호)

주소 | 서울특별시 서초구 서초동 1628-1(우편번호 137-879)
전화 | 편집(02)2046-2844 · 영업(02)2046-2800
팩스 | 편집(02)585-1755 · 영업(02)588-0835
홈페이지 www.sigongart.com

ISBN 978-89-527-4917-8 63400

명화로 배우는
즐거움 2

과학이 숨어 있는 명화

이명옥 | 전영석 지음

SIGONGART

여는 글

이명옥 관장님

친구들, 뛰어난 재능의 천재 미술가들은 미술의 영역을 크게 넓혀 놓았어요. 그렇다면 천재 미술가의 원조는 누구일까요? 바로 르네상스 시대 화가인 레오나르도 다 빈치입니다. 그는 어떻게 천재 예술가의 모델이 될 수 있었을까요? 미술뿐 아니라 다방면에 걸쳐 탁월한 재능을 보였기 때문에 가능했습니다. 예를 들면 다 빈치는 식물학, 공학, 해부학에 능통했고, 비행기, 잠수함, 놀이기구 등을 고안하고 발명했어요. 그런 놀라운 공적을 인정받아 '천재 중의 천재', '만능인', '창조인'으로 불릴 수 있었던 것이지요.

하지만 미술사를 펼치면 다 빈치처럼 예술과 과학의 결합을 시도한 또 다른 후계자들이 눈에 띄어요. 그들은 인체를 정확하게 그리기 위해 해부학에 몰두했고, 대상을 실감나게 묘사하기 위해 빛의 효과를 연구했으며, 자연의 색을 좀더 선명하게

4

표현하기 위해 물감의 성분을 분석했어요. 또 미술의 지평을 넓히기 위해 기하학을 배우고 공간을 탐색했습니다.

지금도 새로운 미술을 창조하기 위해 과학자처럼 실험에 몰두하는 예술가들이 많아요. 이 책은 예술적 상상력과 과학적 탐구심을 결합한 화가들의 그림과 그에 얽힌 얘기를 담고 있어요. 미술이면서 과학인 명화를 감상하면서 친구들도 저와 함께 즐거운 상상에 빠져보기를 바랍니다.

전영석 교수님

제가 자란 곳은 바다가 가까운 곳이었습니다. 당연히 푸른 바다와 부서지는 하얀 파도를 자주 볼 수 있었지요. 하지만 바다를 찾을 때마다 여태껏 보지 못한 것들을 새롭게 발견하고는 몹시 흥분하곤 했습니다. '왜 석양은 붉을까?' '밀물과 썰물은 왜 생길까?' '파도는 왜 일어나는 것일까?' 이런저런 생각을 하면서 나만의 공상 세계로 빠져드는 것을 좋아했던 기억이 새록새록 떠오르는군요. 그때부터 어른이 되면 과학자가 되고 싶다는 막연한 생각을 품게 되었던 것 같습니다.

그렇다면 친구들의 꿈은 무엇인가요? 아, 이 친구의 꿈은 과학자인 모양이군요. 그럼 과학 공부와 함께 미술에도 관심을 가지라고 권하고 싶네요. 미술은 자유로운 생각, 상상력을 기르는 데 큰 도움이 될 것이기 때문입니다. 훌륭한 과학자가 되려면 사물의 여러 면을 관찰하는 훈련이 필요한데, 화가들이 사물을 바라보았던 여러 방법들이 새로운 아이디어를 많이 떠오르게 할 것입니다.

아, 여기 이 친구는 화가가 꿈이라고 하네요. 이 친구에겐 과학 공부에도 관심을 가지라고 말하고 싶군요. 레오나르도 다 빈치가 해부학에 관심을 가졌던 사실이나 쇠라가 광학 공부를 열심히 했던 것을 생각하면 과학 역시 자연에 대한 새로운 눈을 우리에게 안겨주기 때문입니다. 그러고 보니 과학과 미술은 서로에게 소중한 친구군요. 새로운 발견과 창조의 밑거름이 되잖아요.

이제 친구들과 본격적으로 여러 가지 과학 이야기를 함께 나눌 시간이 되었습니다. 제게도 친구들과 또래인 초등학교 5학년짜리 아들이 있어요. 친구들의 아빠가 과학 이야기를 들려준다고 생각하고 이 책을 읽어보면 어떨까요? 아마도 어렵게만 느껴지던 과학이 더 친근하게 다가올 것입니다. 늘 봐오던 사물들을 새롭게 보는 눈 역시 갖게 될 것입니다. 자, 그럼 '명화와 과학의 만남'이 선보이는 멋진 세계로 힘차게 떠나볼까요?

차례

과학이 숨어 있는 명화의 주인공들

이명옥 관장님

밝은 웃음과 명쾌한 해설로 친구들에게
명화를 소개하는 분이에요. 이번에는 여우 단비와
함께 명화와 과학이 만나는 장소로 여행을 떠났답니다.
그곳에는 모네, 르누아르, 쇠라, 지오토, 피카소 등
기라성같은 화가들이 친구들을 기다리고 있어요.
아마 이 신나고 멋진 모험에 벌써부터 친구들도
마음이 설레기 시작할 겁니다. 세기의 명화들에
어떤 이야기들과 비밀이 숨어 있는지
우리 모두 귀를 쫑긋 세워볼까요?

여우 단비

이명옥 관장님과 함께 다니며 명화 감상의
즐거움을 전하는 귀여운 여우. 하지만 남자 친구에게
관심이 너무 많고 호기심과 엉뚱함까지 드러내며
관장님을 당황하게 만드는 엽기적인(?) 친구랍니다.
그래도 늘 밝고 상냥하게 웃는 애교 만점의 여우지요.
그녀가 가장 좋아하는 것은 자신의 예쁜 얼굴과
머리에 꽂은 분홍색 리본이라고 하네요.
아무래도 공주병에 단단히 걸린
여우인가 봐요.

전영석 교수님

명화에서 과학을 발견해 소개하는 관찰력이
뛰어난 교수님이에요. 교수님과 함께 과학 실험을
하다 보면 친구들도 모르게 어느새 과학적 원리를
터득할 수 있게 될 겁니다. 이번 여행에서 교수님은 빛,
바늘구멍, 속도, 차원, 무게중심 등 흥미롭고 재미있는
과학 주제들을 아주 쉽게 설명해줍니다. 혹시 과학을
싫어하는 친구들이 있다면 이번 기회에 꼭
친해져보세요. 여태껏 느껴보지 못한 또 다른
즐거움이 친구들을 기다리고 있을 테니까요.
자, 이제 명화와 과학 여행을
떠나볼까요?

원숭이 재치

전영석 교수님의 애제자. 이름처럼 두뇌 회전은
빠르나 성격이 급해서 늘 실수를 하곤 합니다.
이번 여행에서 재치는 분광기, 슬릿 사진기, 요술 거울,
편광판 마술 등 다양한 과학적 체험을 하게 됩니다.
여행에서 가장 인상 깊었던 것이 무엇이냐고 물으니
방안에서 즐기는 노을이었다고 하네요. 그것이
무엇인지 궁금하다고요? 이제 곧 친구들도
재치가 어떤 체험을 하게 되었는지
직접 확인할 수 있을 거예요.

명화 쏙쏙
과학 쏙쏙 1

빛으로
그린 그림

 모네 | 〈건초더미 연작〉 | 1891 | 캔버스에 유채

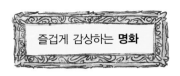

즐겁게 감상하는 **명화**

빛의 변화에 따라서
색채와 형태가 달라진다고요?

예술을 과학처럼 과학을 예술처럼 여겼던 화가들을 소개하는 순서입니다.

먼저 빛을 그리려고 시도했던 화가들을 만나보겠어요. 첫 번째 화가는 너무도 유명한 인상주의 창시자인 모네입니다. 모네는 빛에 유독 관심이 많았어요. 그림에서 가장 중요한 것은 빛이라고 여겼으며 평생에 걸쳐서 빛의 흐름을 집요하게 탐구했어요.

모네는 왜 그토록 빛을 중요하게 생각한 것일까요? 야외에서 실제로 대상을 관찰하면서 그림을

모네는 빛의 효과를
과학적으로 추적했어요.

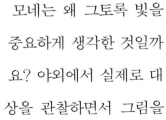

건초더미 어디에 숨어야
관장님이 날 못 찾을까?

그리다가
빛의 소중함을
깨달았기 때문입니다.
모네의 선배 화가들
은 실물과 똑같은 그
림을 그리기 위해 화
실에서 명암을 인위적
으로 조절하며 그림을
그렸어요. 즉 모네 이전
에 그린 그림들은 빛의 영향
력을 무시한 셈이지요.

빛에 따라 확실히 색이 달라지는군.

　하지만 모네는 이런 전통
적인 제작 방식을 거부하고 화실을
벗어나 야외에서 그림을 제작했어요.
야외에서 자연을 관찰하다가 모네는
놀라운 발견을 했어요. 사물의 색깔이
고정된 것이 아니라 빛에 따라 시시각각 변한다는
사실을 깨달은 것이지요. 같은 대상일지라도 빛의 변화
에 따라서 색채와 형태가 달라진다는 것을 뒤늦게 알게 된 모네는 광선
이 대상의 색채를 결정짓는 가장 중요한 요소라고 확신합니다. 모네는

자신의 신념을 그림을 통해 증명하고 싶었어요. 그런 시도가 바로 〈건초더미 연작〉으로 나타납니다.

지금 보는 그림이 빛을 그리려고 한 모네의 야심이 담긴 〈건초더미 연작〉입니다. 모네는 빛과 대기가 어우러진 효과와 그 빛이 건초더미에 미치는 변화 과정을 과학자처럼 냉정하게 관찰했어요. 그런 다음 자신의 독특한 시각적 체험을 〈건초더미 연작〉에 담았습니다. 하지만 시시각각 변하는 빛을 하나의 캔버스에 모두 표현하기란 불가능해요. 고민 끝에 모네는 해결책을 찾았어요.

여러 개의 캔버스를 동시에 펼쳐놓고 캔버스 사이를 재빠르게 오가며 순식간에 건초더미를 그렸어요. 얼마나 신들린 듯 붓질

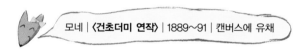

모네 | 〈건초더미 연작〉 | 1889~91 | 캔버스에 유채

을 했던지 불과 몇 분 안에 작품을 완성할 때도 있었습니다. 그런데 흥미로운 것은 똑같은 건초더미인데도 계절과 시간, 날씨의 변화에 따라서 각각 다르게 보인다는 점입니다. 자, 보세요. 같은 대상일지라도 빛에 따라서 저토록 다르게 보이잖아요. 이 그림은 사물은 오직 빛에 의해서만 존재 가치를 갖는다는 모네의 확신이 결코 헛되지 않았다는 것을 생생하게 보여주고 있습니다.

그럼 그림의 진짜 주인공은 건초더미가 아닌 빛이라는 사실을 증명하기 위한 보충 설명을 하겠어요. 흔히 사람들은 사물은 고정된 색채를 지녔다고 착각합니다. 하지만 빛의 농도에 따라 색은 다양하게 변해요. 과학적인 설명을 덧붙이자면 공기층이 빛을 어떻게 산란하는가에 따라서 색은 다르게 보입니다. 즉 대상의 색채를 결정짓는 가장 중요한 요소는 빛이라는 얘기지요.

저와 함께 『명화 속 흥미로운 과학 이야기』를 저술한 서울대학교 김제완 명예교수께서 책에서 밝힌 사례를 들어보겠어요. 예를 들면 우주 공간의 하늘은 검은색이지만 우리가 보는 하늘은 푸른색입니다. 이처럼 색깔의 차이가 나는 것은 공기가 없는 우주에는 산란하는 빛이 없어 하늘이 검게 보이는 반면, 우리는 공기 입자들로 인한 산란한 빛을 보기 때문에 하늘이 푸르게 보여요.

이제 〈건초더미 연작〉이 갖는 의미를 되새겨보겠어요. 모네는 자연의 생생한 인상을 그림에 표현하기 위해 야외에서 작업하다가 획기적인 발견을 했어요. 사물의 색채는 고정된 것이 아니라 빛에 따라 변한다는 사실을 깨달았습니다. 빛이 대상의 색채와 형태까지 결정짓는 절대적인 요소라고 확신한 모네는 자신의 발견과 체험을 그림을 통해 증명합니다. 그렇다면 〈건초더미 연작〉을 왜 걸작이라고 부르는지 그 까닭을 알게 되었어요. 바로 빛의 효과를 과학적으로 추적한 모네의 집념이 담겨 있기 때문이지요.

색은 우리가 볼 수 있는 빛이에요!

모네의 〈건초더미 연작〉 중 눈 위에 비친 그림자의 색깔을 보면 그가 그림을 생각한 대로 그리지 않고, 철저히 보이는 대로 그렸다는 것을 잘 알 수 있어요. 친구들도 기억을 한번 더듬어보세요. 맑게 갠 날 눈 위에

하늘이 온통 붉은 것을 보니 뭉크는 내 엉덩이를 보고 그림을 그렸을 거야.

 뭉크 | 〈절규〉 | 1893 | 유채, 판지 위에 파스텔과 카세인

재치야, 하늘이 붉은 것은 인도네시아의 큰 화산 폭발 때문이야.

생긴 그림자를 보면 무슨 색으로 보였나요? 혹 검은색이나 회색 이라고 생각했나요? 그렇다면 모네의 그림을 다시 한 번 보세요. 무슨 색인가요? 네, 맞아요. 햇빛이 가려지면 눈은 하늘빛만 반사하기 때문에 파랗게 보인답니다.

그런데 뭉크의 〈절규〉라는 그림을 보면 배경 하늘이 온통 붉은색입니 다. 작가의 감정을 나타낸 것이라 생각할 수도 있지만 최근 과학자들의 연구 결과에 의하면 실제 뭉크가 인상적으로 봤던 모습을 그린 것이라 해요. 뭉크가 이 작품을 그리기 약 10년 전 인도네시아에서 아주 큰 화 산 폭발이 있었답니다. 그때 생긴 화산재가 전 지구에 퍼졌다고 해요. 바로 이 화산재가 저녁 하늘을 아주 붉게 물들였다는군요. 화산재가 파 장이 짧은 파란빛은 사방으로 산란시키고 파장이 긴 붉은빛만을 그대 로 통과시켰기 때문이지요.

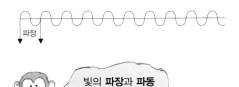

빛의 **파장**과 **파동**

색깔	파장(nm)
빨강	780~622
주황	622~597
노랑	597~577
초록	577~492
파랑	492~455
보라	455~390

전자기파 중 **가시광선의 영역**

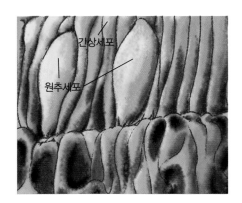

망막의 구조

자, 친구들은 색이 무엇이라고 생각하세요? 조금 이상하게 들릴지 모르지만 색을 이해하려면 빛을 알아야만 합니다. 왜냐하면 색은 눈으로 볼 수 있는 범위의 빛이니까요. 빛은 마치 물결처럼 출렁거리면서 퍼져나가는 파동으로, 전자기파의 일종입니다. 전자기파의 종류는 파장에 따라 달라지는데, 사람은 파장이 약 400나노미터*(nm)에서 700나노미터의 빛을 볼 수 있어요. 앞에서 말한 색이 바로 이 영역의 빛에 해당하는 것이지요. 어려운 용어로 '가시광선可視光線'이라 부릅니다. 한자의 의미를 풀어보면 '눈으로 볼 수 있는 빛'이라는 뜻이지요.

그럼 어떻게 사람이 색을 느낄 수 있냐고요? 그 비밀을 풀기 위해 우선 사람의 눈을 관찰해보기로 해요. 우리 눈엔 빛을 받아들이는 망막이라는 곳이 있습니다. 일종의 안테나들로 이루어진 망막은 막대기처럼 생긴 간상杆狀(나무막

* 1나노미터(nm)＝100만분의 1밀리미터(0.000001mm)

대 간. 형상 상) 세포와 원뿔 모양으로 생긴 원추圓錐(둥글 원. 송곳 추) 세포로 이루어져 있어요. 그림을 보면 간상체포와 원추세포를 쉽게 구분할 수 있어요.

이 중에서 간상세포는 밝고 어두움을 구분하고 원추세포는 색깔을 식별합니다. 이 원추세포는 파란색, 초록색, 빨간색에 반응하는 세 종류로 이루어져 있어요. 만일 주황빛이 망막에 도달했다면 초록빛을 받아들이는 원추세포와 빨간빛을 받아들이는 원추세포가 동시에 반응합니다. 이들이 보내는 신호가 신경을 통해 뇌에 전달되면 뇌가 이것을 종합해 물체의 색을 구별하는 것이지요. 색을 구분하지 못하는 색맹은 원추세포가 고장난 경우이고요.

사람의 눈에 대해 알았으니 이번에는 빛이 물체에 도달하는 경우를 생각해보기로 해요. 신기하게도 물체에 도달한 빛은 일부가 흡수되고, 또 일부는 반사됩니다. 장미의 꽃이 붉은색을 띠는 이유는 붉은빛만 남기고 나머지 빛을 모두 흡수했기 때문이에요. 당연히 장미의 잎은 초록색을 제외한 대부분의 빛을 흡수해서 초록색으로 보이는 것입니다.

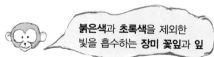

붉은색과 초록색을 제외한 빛을 흡수하는 장미 꽃잎과 잎

햇빛과 **전등불**에서 서로 달라 보이는 **색**

　　잠시 머리를 식힐 겸 사과를 머릿속에 떠올려볼까요? 둥그런 사과 모양과 빨간색이 그려진다고요? 하지만 모양과 색은 서로 성격이 다릅니다. 사과의 모습은 고유한 성질로 기본 형태는 좀처럼 바뀌지 않습니다. 반면 사과의 색은 빛이 없는 밤이나, 햇빛이 비칠 때나, 전등불 아래서 보는 경우에 모두 달라지지요. 물체의 색은 빛에 따라 달라지기 때문에 실내나 야외에서 볼 때 각각 다르게 보이는 것이지요. 붉은색이 풍부한 백열등 아래에서는 당연히 붉은색이 돋보일 것이고 푸른색을 띤 형광등 아래에서는 푸른색이 더욱 돋보이겠지요.

이제 친구들은 색과 빛의 관계, 색을 구분하는 시세포, 여러 조건에서 색이 다르게 느껴지는 이유들을 잘 알게 되었을 거예요. 이어지는 실험을 통해 가시광선을 구분해보기로 해요.

분광기 만들기

폐품 CD와 종이컵을 이용해 분광기를 만들어보기로 해요. 색이 없는 빛, 즉 백색광은 여러 빛이 합쳐져서 이루어진 것입니다. 빛이 프리즘을 통과하거나 아주 가는 선을 지나면 색에 따라 나아가는 길이 다르기 때문에 색별로 나누어집니다. 빛의 이런 성질을 이용해 색을 나누는 장치를 분광기라 하지요. 어려울 것 없어요. 친구들도 손쉽게 집에서 만들어볼 수 있으니까요.

현미경을 이용해 CD면을 자세히 보면 아주 가는 고랑들이 나선을 그리고 있음을 발견할 수 있어요. 이 나선을 이용해 분광기를 만들 수 있는 것입니다.

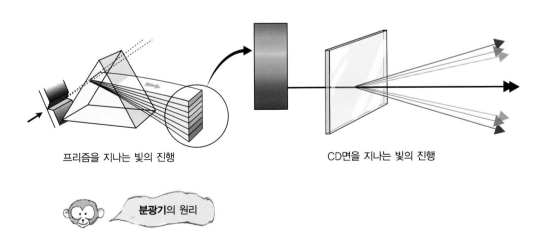

프리즘을 지나는 빛의 진행   CD면을 지나는 빛의 진행

분광기의 원리

준비물 폐품 CD, 종이컵, 칼, 가위, 자, 연필, 투명
      테이프, 검은 도화지

만들기

1. 먼저 CD에 테이프를 붙인 다음 힘껏 떼어내세요.

2. 투명 테이프를 이용해 CD 표면에 붙어 있던 금속
   껍질을 벗겨내세요.

3. 자와 연필을 이용해 CD의 가장자리에 2cm×
   2cm 크기의 정사각형을 그린 후 가위로 오려내세
   요. 이때 CD의 날카로운 면에 손을 다치지 않도록
   각별히 조심하세요.

4. 종이컵 바닥의 가장자리에 자와 연필을 가지고
   1cm×1cm 크기의 구멍을 그린 후 칼로 구멍을
   내세요.

5. 투명 테이프를 이용해 종이컵 구멍 위에 오려놓은
   CD 조각을 올려붙이세요.

6. 검은 도화지를 종이컵 위를 덮을 만한 크기로 오려
   내 컵 위를 덮고 투명 테이프로 고정하세요.

7. 바닥에 있는 CD 조각의 반대편 끝에 폭 0.5밀리미
   터, 길이 1센티미터 정도의 틈을 뚫으세요.

자, 이제 분광기가 완성되었습니다. 종이컵 바닥의 CD 조각에 눈을 대보세요. 어때요, 여러 빛들을 관찰할 수 있지요?

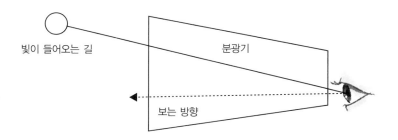

이 분광기를 통해 하늘, 백열등, 형광등 등을 보면서 어떻게 보이는지 관찰해보세요. 이 빛들을 사진으로도 찍을 수 있어요. 미리 찍어놓은 사진들을 보면서 각각 어떤 경우의 빛인지 친구들이 맞혀보세요.

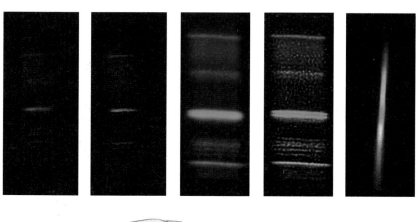

분광기를 통해 본 여러 빛들

분광기를 통해 태양을 직접 보면 큰일납니다. 시력을 잃을 수도 있기 때문이죠. 태양빛이 어떻게 보이는지 알고 싶으면 그저 맑은 하늘을 보면 돼요. 왜냐고요? 이때 보이는 색띠가 바로 태양빛 때문에 생긴 것이니까요.

재치야, 그러면 절대 안 돼. 잘못하면 시력을 잃을 수도 있단다.

명화 쏙쏙 2
과학 쏙쏙

햇빛이 수놓은
아름다운 무늬

르누아르 | 〈그네〉 | 1876 | 캔버스에 유채

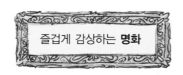
즐겁게 감상하는 **명화**

이 밝은 점의 정체는 무엇일까요?

지난 시간에는 모네가 야외에서 그림을 그리다가 빛이 대상의 색채와 형태를 결정짓는 가장 중요한 요소라는 사실을 깨닫게 된 과정을 얘기했어요. 하지만 야외에서 그림을 그린 화가는 모네만이 아닙니다. 대다수의 인상주의 화가들은 자연의 순간적인 인상을 표현하기 위해 야외에서 그림을 그렸어요. 그들은 그림 도구들을 챙겨들고 화실을 벗어나 현장에서 대상을 직접 눈앞에 두고 작업을 했습니다.

모네의 동료인 르누아르의 〈그네〉(p. 29)를 보면 인상주의 화가들이 현장에서 그림을 그렸다는 사실을 한눈에 알 수 있어요. 이 그림은 아름다운 여인이 공원에 놀러 나와 그네를 타는 장면을 묘사한 것입니다. 여인은 양팔을 벌려 그네줄을 잡은 채 한쪽 그네줄에 몸을 살짝 기대고 있어요. 하지만 여인의 표정을 보면 신나게 그네를 탈 마음은 없는 것처럼 보여요. 왜냐하면 여인의 얼굴은 수줍은 듯 빨갛게 달아올랐으며

눈길도 다른쪽 방향으로 돌리고 있거든
요. 아마 자신의 아름다운 모습을 황홀하게 바라보는 남자
의 눈길이 부끄러운 모양이에요.

그런데 화면을 자세히 살피면 강렬한 햇빛이 울창한 나무숲 사이로
뚫고 들어와 화사한 나뭇잎 무늬를 만드는 것을 확인할 수 있어요. 이
나뭇잎 무늬는 귀여운 여자아이의 모자와 옷, 뒷모습을 보인 남자의 모
자와 양복, 또 그네에 올라탄 여인의 얼굴과 드레스에도 화사한 무늬를
찍습니다. 친구들도 밝은 햇살이 내리쬐는 여름날 오후에 숲이 우거진

공원에 가면 나비처럼 어른거리는 나뭇잎 무늬를 발견할 수 있을 거예요. 르누아르는 현장에서 대상을 관찰했기에 햇빛이 나뭇잎을 투과해서 사람들의 얼굴과 옷에 반사된 효과를 이처럼 생생하게 표현할 수 있었던 것이지요.

아울러 춤추는 햇빛의 밝은 반점들 덕분에 화창한 여름날 공원에서 여가를 즐기는 사람들과 함께 있는 듯한 착각에 빠지기도 합니다. 덤으로 상큼한 초여름의 숲 속 공기도 맡게 되고요.

그런데 친구들은 인상주의란 단어가 과연 어떤 의미를 지녔는지 궁금할 때가 있을 거예요. 인상주의란 비평가들이 인상주의 화가들을 흉보기 위해서 사용한 용어였어요. 평론가들은 그림이 아니라 단지 인상을 그렸다는 뜻에서 인상주의라는 이색적인 이름을 붙였습니다. 인상주의는 비록 처음에는 비웃음을 받았지만 시간이 지나면서 새로운 미술과 개혁을 상징하는 단어가 되었어요.

지금은 화가가 대상을 보면서

느낀 순간적인 인상과 감각을 그린 회화를 가리켜 '인상주의'라고 부릅니다. 인상주의 화가들은 첫인상을 무척 중요하게 여겼기 때문에 태양과 연기, 수증기, 공기, 비와 눈, 안개, 구름, 파도 등 순식간에 사라지고 변화하는 것들에 흥미를 느꼈어요. 왜냐하면 이런 대상들은 변화무쌍한 빛의 흐름과 반사를 탐구하기에 가장 효과적이기 때문입니다.

르누아르의 〈라 그루누예르〉(p. 34)를 보면 인상주의 화가들이 왜 끊임없이 움직이는 대상을 그리려고 했는지 이해할 수 있을 거예요.

파리 센 강가의 라 그루누예르에서 여가를 즐기는 사람들을 묘사한 것입니다. 당시 라 그루누예르는 파리 시민들의 관광 명소였어요. 시민들은 선상 카페와 식당, 수영장이 있는 이곳에서 뱃놀이를 하고 먹을 감으면서 여가를 즐겼습니다. 그런데 화면을 관찰하면 화가가 신속한 붓질로 물의 출렁임과 반짝거림, 물에 비친 빛의 반영을 정확하게 표현했다는 것을 알 수 있어요. 앞에서 감상한 〈그네〉에서 햇빛과 그림자의 대비를 탐구했다면 이 그림에서는 빛의 반사와 물의 반영을 추적했습니다.

만일 강물을 그리지 않았다면 과연 이처럼 생동감 넘치는 빛의 흐름을 화폭에 표현할 수 있었을까요? 르누아르는 순간적이고 즉흥적인 자연의 인상을 표현하기 위해 빛의 효과를 가장 잘 나타낼 수 있는 장소

 르누아르 | 〈라 그루누예르〉 | 1869 | 캔버스에 유채

를 찾아서 이 그림을 그렸어요. 그리고 마치 천진한 어린아이가 자연을 바라볼 때처럼 순간적인 감흥과 인상을 그림에 표현한 것이지요.

그렇다면 인상주의가 탄생하게 된 시대적 배경은 무엇일까요? 인상주의가 태동하던 시절 파리는 경제적 번영과 근대화가 눈부시게 진행되고 있었어요. 교량과 도로, 철도가 건설되는 등 산업화가 급속히 진행되면서 정치, 사회, 경제, 문화도 덩달아 변화하고 있었습니다. 프랑스 역사상 새 시대의 도래를 이만큼 강렬하게 의식한 시대도 없었어요. 급변하는 시대 분위기에 흠뻑 젖은 사람들은 현대성이란 속도가 빠르고 찰나적이며 순간적인 특성을 지녔다고 생각했어요. 당연히 미술 분야에서도 엄청난 변화가 일어났어요. 영원한 미의 세계를 표현한 전통적인 그림을 제치고 순간적이고 즉흥적인 자연의 인상을 표현한 인상주의 그림들이 등장했어요. 인상주의 예술가들 덕분에 사람들은 눈에 보이는 세상이 얼마나 중요한지 깨달았습니다.

밝은 점의 정체는 바로 태양의 상이에요!

밝은 점에 관한 메모

1. 큰 것도 있고 작은 것도 있다.

2. 모두 타원 모양이다.

3. 오전에는 타원이 길쭉하다가 점점 동그랗게 변한 다음 다시 길쭉해진다.

4. 시간이 지나면 밝은 점의 위치도 같이 움직인다.

5. 하늘에 구름이 지나가니 밝은 점도 가려졌다. 그런데 구름이 왼쪽에서 오른쪽으로 갈 때 밝은 점은 오른쪽에서 왼쪽으로 점차 어두워진다.

르누아르의 그림에 보이는 '밝은 점'을 실제로 볼 수 있다면 친구들의 귀가 솔깃해지겠지요? 맑은 날, 울창한 숲 속을 산책하면 정말 땅 위에서 밝은 점들이 생기는 것을 볼 수 있답니다. 여태껏 무심코 지나쳤다면 선생님의 말을 잘 기억하고 있다가 이 다음에는 꼭 땅바닥을 잘 살펴보세요.

자, 이번에는 친구들이 자연의 명탐정이 되어 이 밝은 점의 비밀을 밝혀낼 차례입니다. 아무런 단서도 없이 어떻게 밝은 점을 수사할 수 있냐고요? 그

럴 줄 알고 여러분의 친구인 예담이가 밝은 점을 미리 자세히 관찰해 그림(p. 36)과 같은 메모를 남겼습니다. 이 결과를 보고 밝은 점의 정체를 함께 생각해보도록 해요.

여전히 이 결과만 가지고는 밝은 점의 정체를 생각하기에 너무 아리송하지요? 놀랍게도 이 밝은 점은 바로 태양의 모습입니다. 숲 속의 나뭇잎들 사이에 생긴 좁은 틈이 바늘구멍 사진기의 바늘구

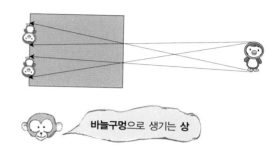

바늘구멍으로 생기는 상

멍 역할을 해서 태양의 상을 바닥에 만들어놓은 것이지요. 구멍을 많이 뚫은 바늘구멍 사진기로 물체를 보면 물체의 상이 여러 개 보입니다. 나뭇잎 사이에 생긴 많은 틈이 각각의 바늘구멍에 해당하는 것이지요.

자, 예담이가 남긴 메모를 차례대로 생각해보도록 합시다. 먼저 밝은 점의 크기입니다. 그림을 자세히 보면 나뭇잎 사이의 틈이 위쪽에 생기면 태양의 상이 크게 생기고, 아래쪽에 생기면 태양의 상이 작게 생긴다는 것을 알 수 있을 것입니다. 만일 부분일식(해의 일부분만 가려지는 현상)이 일어난다면 초승달 모양의 밝은 점들이 바닥에 쫙 깔리겠지요.

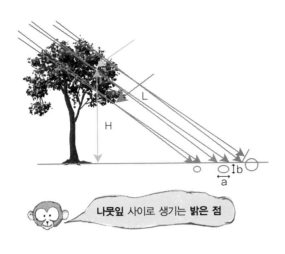

이번엔 타원 모양에 대해 생각해보도록 해요. 만일 빛이 오는 방향, 즉 태양 쪽을 바로 보도록 공책을 기울인다면 완전한 원 모양이 됩니다. 하지만 숲에서 생기는 밝은 점의 경우는 빛이 오는 방향과 바닥이 서로 기울어져 있으므로 원이 찌그러지게 됩니다. 이때 타원의 긴 쪽 길이(a)와 짧은 쪽 길이(b)의 비율(a/b)은 나뭇잎 틈에서 해의 상이 생기는 바닥까지의 실제 거리(L)와 틈의 높이(H)의 비(L/H)와 같습니다. 따라서 밝은 점의 찌그러진 정도를 알면 현재 해의 위치를 알 수 있는 것이지요.

마지막으로 하늘에 구름이 지나갈 때를 생각해봅시다. 이 경우 그림과 같이 구름이 햇빛을 가립니다. 구름이 오른쪽에서 왼쪽으로 옮겨가면 그림자는 왼쪽에서 오른쪽으로 옮겨갑니다. 그래서 밝은 점의 왼쪽에서 오른쪽으로 점차 어두워지는 것이지요.

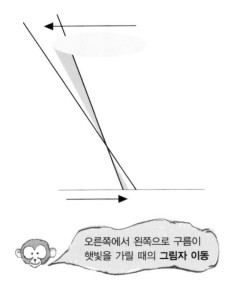

아, 아까 잠깐 바늘구멍을 이야기를 했는데, 옛날 화가들은 '카메라 옵스큐라'라는 일종의

바늘구멍 사진기를 이용해 밑그림을 그렸습니다. 어떻게 그렇게 할 수 있냐고요? 카메라 옵스큐라의 원래 의미는 작은 구멍을 낸 어두운 방입니다. 구멍을 통해 들어간 빛이 방 밖의 장면을 비추어 구멍의 반대쪽에 있는 방안 벽에 거꾸로 된 상을 만들어내는 것을 발견한 것이죠. 상을 더욱 선명하고 밝게 만들기 위해, 그 구멍에 렌즈를 붙여 사용하면서 운반 가능한 작은 상자가 방을 대신하는 셈입니다. 이것이 현재 사용하는 카메라로 발전한 것입니다.

슬릿 사진기 만들기

바늘구멍 대신 다음 두 개의 좁은 틈을 사용해 가로 또는 세로의 긴 상을 얻는 장치를 만들어봅시다.

준비물 종이컵 네 개, 양초, 칼, 가위, 트레이싱 종이, 투명 테이프, 클립

만들기

1. 종이컵 두 개의 바닥 가운데에 길이 1.5센티미터, 폭 0.5 센티미터 정도 되는 구멍을 만드세요.

2. 종이컵 한 개의 바닥 가운데에 2cm×2cm 정도 크기의 정사각형 모양으로 구멍을 만드세요.

3. 2번의 컵 위에 트레이싱 종이를 덮어 투명 테이프로 고정해주세요.

4. 1번의 두 개의 컵을 그림처럼 구멍이 서로 직각이 되도록 교차하여 끼워넣으세요.

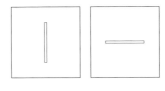

5. 4번의 두 개의 컵을 투명 테이프로 고정하세요.

6. 사진처럼 3번과 4번의 컵을 서로 맞대어 투명 테이프로 고정하세요. 이제 슬릿 사진기가 완성되었어요.

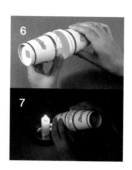

7. 어두운 곳에서 양초를 켜고 슬릿 사진기의 정사각형 구멍을 통해 촛불을 관찰하세요. 슬릿 사진기를 회전시키면서 양초의 크기를 잘 살펴보세요.

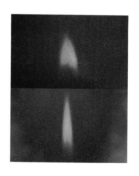

상이 생기는 원리는 의외로 간단합니다. 빛이 가는 길을 머릿속에 그려보면 금방 알 수 있으니까요. 세로 방향 틈의 경우, 위 아래 틈이 너무 넓어 좌우로만 바늘구멍 역할을 합니다. 반대로 가로 방향 틈의 경우 위 아래로만 바늘구멍 역할을 하겠지요. 즉 상의 좌우는 세로 방향의 틈에 의하여 생기는 것이고 위 아래는 가로 방향의 틈으로 생깁니다. 그런데 세로

가로와 세로 **방향 틈**의 **거리**에 따라 달라지는 촛불의 크기

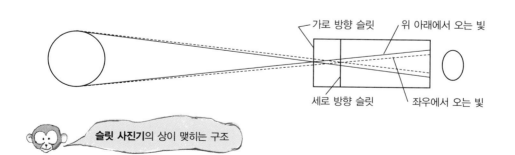

가로 방향 슬릿　　위 아래에서 오는 빛

세로 방향 슬릿　　좌우에서 오는 빛

슬릿 사진기의 상이 맺히는 구조

방향의 틈이 가로 방향의 틈보다 멀리 있기 때문에 상은 좌우가 더 넓은 납작한 타원 모양이 생기는 것입니다. 당연히 두꺼운 종이 사이를 멀리 하면 할수록 상이 옆으로 더 넓어지겠지요.

이번에는 또 다른 실험으로 촛불을 관찰해보기로 해요.

1. 사진처럼 손으로 클립의 끝을 펴세요. 날카로운 끝에 손을 다치지 않도록 각별히 조심하고 클립으로 불필요한 장난은 하지 마세요.
2. 종이컵 바닥에 클립으로 정사각형 모양이 되도록 9개의 구멍을 만드세요.
3. 앞 실험의 3번 컵과 9개의 구멍을 뚫은 컵을 서로 맞대어 투명 테이프로 고정하고 슬릿 사진기의 정사각형 구멍을 통해 촛불을 관찰하세요.

이 실험 결과로 숲 속에서 수많은 태양의 상을 어떻게 볼 수 있는지 더 잘 알게 됩니다. 35쪽의 그림과 마찬가지로 각각의 바늘구멍이 촛불의 상을 만들기 때문에 9개의 바늘구멍에 의한 9개의 촛불상이 생기는 것이랍니다.

명화 쏙쏙
과학 쏙쏙 3

빛과 어둠이
만든 효과

라투르 | 〈아기 예수 탄생〉 | 연도 미상 | 캔버스에 유채

그림 속 인물들은 왜 이토록 신비하게 느껴질까요?

인상주의 화가들은 빛이 그림에서 가장 중요한 요소라는 사실을 그림을 통해 증명했어요. 그런데 인상주의 화가들이 어느 날 갑자기 빛의 중요성을 터득한 것은 아닙니다. 일찍이 빛의 효과에 주목한 선배들이 있었기에 가능했어요. 그 선배들이란 바로 명암법의 대가인 라투르와 카라바조입니다.

두 대가는 빛과 어둠을 절묘하게 활용해서 광학적 효과를 생생하게 체험할 수 있는 명화들을 창조했어요. 그럼 먼저 17세기 프랑스 화가 라투르의 걸작 〈아기 예수 탄생〉(p. 45)에 나타난 광학적 효과를 살펴보겠어요.

그림에 세 사람이 등장했어요. 바로 그리스도를 낳은 성모마리아와

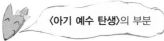 〈아기 예수 탄생〉의 부분

아기 예수, 딸의 출산을 도운 마리아의 어머니 안나입니다. 마리아는 갓 태어난 아기를 두 손으로 소중하게 안아 무릎에 올려놓았어요. 안나는 귀여운 손자에게 세상의 빛을 선물하듯 듬직한 손으로 촛불을 모으는 중입니다. 라투르는 성스러운 아기 예수가 태어난 성탄 장면을 상상력을 발휘해서 그림에 묘사했어요.

그런데 이 그림은 여느 그림과 달리 화면의 밝고 어두움의 대비가 유독 두드러져요. 예를 들면 촛불이 비치는 부분은 환하며 나머지 부분은 짙은 어둠에 잠겨 있어요. 이처럼 밝은 부분과 어두운 부분이 강하게 대조되기 때문에 그림이 무척 신비하게 보여요. 또 화면에 등장한 세 사람도 아주 중요한 존재로 느껴집니다.

대체 화가는 어떻게 이런 신비한 명암 효과를 연출할 수 있었을까요? 바로 빛과 어둠을 절묘하게 활용했기 때문입니다. 라투르는 빛과 어둠의 대비를 통해 인간의 내면에 감춰진 감정을 극적으로 드러내는 그림으로 명성이 자자한 화가예요. 그의 그림은 관객의 눈길을 화면 안으로 깊숙이 빨아들이는 힘을 갖고 있어요. 그림에서도 이런 라투르의 특징이 잘 드러나 있어요. 자, 보세요. 우리의 눈길은 촛불이 타오르는 지점으로 자석처럼 끌려갑니다. 그뿐이 아닙니다. 라투르는 빛과 어둠의 대비 효과를 더욱 강렬하게 하기 위해 그만의 비결을 개발했어요. 그 비결이란 광원을 그림 안에 두는 것입니다. 빛은 화면 속에서 관객을 향해 강하게 발산되고 있어요. 광원이 화면 속에 있는 바로 이

점이 빛과 어둠을 활용한 그림을 그린 다른 화가들과는 구별되는 라투르만의 독특함입니다.

라투르는 카라바조라는 위대한 선배 화가로부터 명암을 강하게 대비시키는 신기한 기법을 배웠습니다. 17세기 바로크의 거장인 카라바조는 그 어떤 화가도 명암 기법을 시도할 엄두조차 내지 않던 시절에 강렬한 명암 대비를 통해서 공간의 깊이를 창출하는 새로운 회화를 창안했어요. 카라바조는 강조해야 할 대상에게는 최대한의 조명을, 나머지 부분에는 짙은 어둠을 깔아두었습니다. 그 결과 화면은 연극 무대처럼 극적인 효과를 낼 수 있게 되었어요. 카라바조가 개발한 명암 기법은 단숨에 화가들의 마음을 사로잡았어요.

 카라바조 | 〈성 마테오의 소환〉 | 1597~59 | 캔버스에 유채

카라바조를 명암의 대가로 추앙하는 제자들이 점차 늘어났으며 카라바조풍이라는 새로운 화풍까지 생겨났어요. 그럼 카라바조풍의 그림은 어떤 것인지, 또한 라투르의 그림과는 어떻게 다른지 확인하는 의미에서 카라바조의 작품(p. 50)을 감상하겠어요.

이 장면은 예수와 그의 제자가 된 마태오가 처음 만나는 극적인 순간을 묘사한 것입니다. 카라바조는 빛과 어둠의 마술사답게 스승과 제자의 운명적인 만남을 마치 영화의 한 장면처럼 흥미롭게 각색했어요.

화면 오른쪽에서 칠흑 같은 어둠을 가르고 팔을 들어서 손가락으로 누군가를 가리키는 남자가 보이지요? 이 남자가 바로 그리스도입니다.

그리스도는 탁자 앞에 앉은 남자들 중에서 제자가 될 마태오를 손가락으로 가리키면서 "마태오, 네가 나의 제자로 선택되었다"고 선언합니다. 하지만 마태오는 자신이 그리스도의 제자가 될 것이라고는 꿈에도 생각하지 않았기에 무심히 동전들을 헤아리고 있어요. 그런데 눈부신 빛이 어디에서 들어오고 있나요? 바로 예수의 뒤쪽입니다. 즉 빛은 화면 밖에서 어두운 실내로 쏟아져 들어옵니다. 광원이 화면 밖에 있다는 바로 이 점이 카라바조와 라투르의 차이점이 되겠어요.

라투르는 명암의 대가인 카라바조의 신기법을 공부한 후 자신만의 방식으로 응용했어요. 광원을 화면 안에 두어서 더없이 신비롭고 명상적인 효과를 냈어요.

이제 라투르의 독창적인 명암 기법에 관한 정보를 바탕으로 그림(p. 45)을 새롭게 감상해볼까요?

두 모녀의 표정은 더없이 고요하고 경건하며 내면을 성찰하는 기색이 역력합니다. 또 촛불에 드러난 마리아의 붉은 드레스와 신생아의 몸체를 감싼 노란 강보, 안나의 흰색 옷은 명상적인 분위기를 더욱 강하게 풍겨요. 그렇다면 자신의 몸체를 태워 어둠을 밝히는 촛불은 무엇을 의미할까요? 인류를 구원할 예수의 비극적인 운명을 암시하는 동시에 두 여인의 깊은 신앙심을 상징합니다.

명암법의 대가인 라투르는 광학적 효과를 활용해 아기 예수가 탄생한 순간의 감동을 극적으로 표현했어요. 저 인공 조명 같은 강렬한 빛과 어둠의 대비 덕분에 여러분은 예수가 태어난 현장에 함께 있는 듯한 느낌이 들면서 빛의 소중함을 체감하게 되지요.

단비야, 우리도
라투르의 작품을
흉내내 볼까?

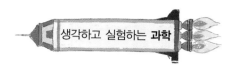
그림자에도 여러 모습이 있어요!

라투르의 그림 중 마리아의 몸에 생긴 그림자를 보면 그가 빛과 그림자에 대해 얼마나 깊이 이해하는지 잘 알 수 있습니다. 빛이 물체에 비치면 밝고 어두운 두 단계만 생기는 것이 아니라 다양한 단계로 밝고 어두움이 나타납니다. 라투르는 이런 그림을 그리기 위해 아주 세심하게 사물을 관찰했을 것입니다. 이런 면에서 보면 화가와 과학자는 서로 통하는 것이 많은 셈이죠.

맑은 날 운동장에 서서 바닥에 생긴 친구들의 그림자를 관찰해보세요. 발그림자는 윤곽선이 아주 선명한 반면 머리 쪽으로 갈수록 그림자의 윤곽선이 점점 흐릿해짐을 알 수 있습니다. 전등불 아래 흰 종이 위에서 손으로 실험을 하면 그 효과를 더욱 잘 알 수 있습니다. 바닥 근처에 손바닥을 두면 손그림자가 선명합니다. 그러다 점점 손바닥을 흰 종이에서 멀리하면 그림자가 흐릿하게 변하지요. 왜 이런 일이 발생할까 왜, 그림자가 머리 쪽으로 갈수록 점점 흐릿해지지?

요? 이는 전등 여기저기서 나온 빛이 각각 조금씩 다른 그림자를 만들기 때문입니다. 흐린 부분은 전등빛 일부가 도달하고, 일부는 도달하지 않기 때문에 완전히 어둡지도, 또한 완전히 밝지도 않지요. 만일 전등이 아주 작은 점이라면 그림자는 언제나 선명할 것입니다. 이렇듯 빛이 일부만 가려져서 완전히 어둡지 않은 부분을 반그림자라고 합니다. 태양 역시 아주 멀리 떨어져 있어 점으로 생각할 수 있지만 이 역시 완전한 점이 아니어서 반그림자가 생기는 것이지요.

그림을 보면 알 수 있듯 전등의 A에서 출발한 빛이 만드는 그림자가 생기는 곳과 B에서 출발한 빛이 만드는 그림자가 생기는 곳은 일부 겹

치기는 하지만 서로 엇갈려 생깁니다. 공통적으로 빛이 가려져 생기는 가장 어두운 그림자를 '본그림자'라 하고 일부의 빛만 가려져 생기는 그림자를 '반그림자'라고 하지요. 태양은 아주 멀리 떨어져 있기에 햇빛에 의해서 생기는 반그림자는 아주 작습니다. 따라서 본그림자만 있는 것은 아니지요.

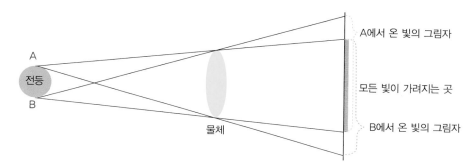

햇빛이 비추는 곳에 흰 종이를 깔고 소금을 뿌려 얇은 층을 만든 후, 그 위에 하얀 계란을 그림처럼 세워놓으세요. 그 다

음 바닥을 '후' 하고 불어 소금을 없앤 후 생기는 그림자를 관찰해보세요. 또 전등불 아래에서 마찬가지 방법으로 그림자를 관찰해보세요. 그리고 각각의 그림자가 어떻게 다른지 비교하세요.

각각이 어떤 모습으로 비춰질지 미리 생각해보고 자신의 생각이 맞았는지 확인해보는 것도 재미있지 않을까요?

일식은 달그림자가 태양을 가려 생기는 현상인데, 지구에서 볼 때 달과 태양의 크기는 같아 보이기 때문에 본그림자가 아주 작게 생겨납니다. 그림처럼 본그림자가 생기는 아주 좁은 지역에서만 태양을 완전히 가리는 개기일식皆旣日蝕[皆 : 다 개(모두, 전부) 旣 : 이미 기(원래, 처음부터) 日 : 날 일(태양) 蝕 : 좀먹을 식(좀먹다)]이 일어나고, 반그림자가 생기는 곳에서는 태양의 일부만 보이는 부분일식이 일어나지요.

지구에서 태양까지의 거리는 지구에서 달까지 거리의 108배입니다. 마찬가지로 태양의 지름 역시 달 지름의 108배입니다. 만일 지금보다

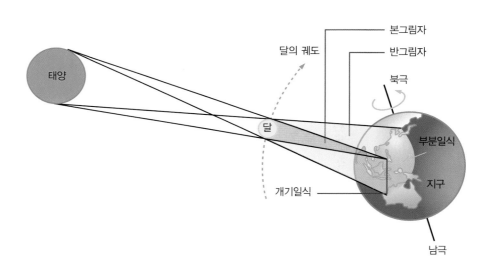

태양

달의 궤도

본그림자
반그림자
북극
부분일식
지구
개기일식
남극

본그림자의 좁은 지역에서만 관찰되는 **개기일식**

달이 지구 쪽으로 더 다가온다면 개기일식이 일어나는 곳은 더 넓어지 겠지요. 반대로 지금보다 더 멀어지면 어떻게 될까요? 가운데만 가려 지고 가장자리는 그대로 보이는, 금반지 모양의 금환식金環蝕만 볼 수 있어져 더 이상 개기일식은 일어나지 않을 것입니다.

요술 거울 만들기

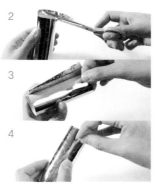

준비물 금속성 광택의 포장지, 휴지심, 투명 테이프,
가위, 칼

만들기

1. 금속성 광택의 포장지를 안면이 바깥쪽으로 향
   하도록 하세요.

2. 사진처럼 휴지심 길이에 맞춰 적당한 크기가 되
   도록 가위로 포장지를 자르세요.

3. 휴지심에 포장지를 씌우고 안쪽을 투명 테이프
   로 고정하세요.

4. 휴지심이 보이지 않도록 완전히 감싼 후 끝 부분
   을 투명 테이프로 고정하세요.

그런 후 요술 거울을 그림 위에 올려놓고 거울 안쪽에 비친 상을 보
세요. 이때 투명 테이프를 붙인 부분이 화살표에 오도록 놓으세요. 무
엇이 보이나요?

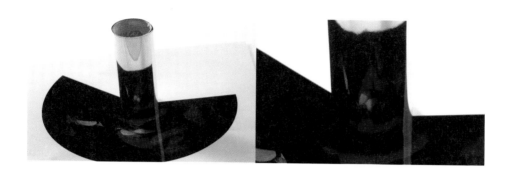

빛과 어둠이 만든 효과

네 종류의 그림을 비춰봐서 알 수 있듯 거울을 통해 그림이 놓인 원 중심에서 바깥을 향해 뻗어나는 선을 보면 세로로 나란하게 보입니다. 또 그림의 원을 중심으로 하는 동심원을 거울을 통해 보면 가로로 나란

이 모습을 요술 거울로 똑바로 보려면 어떻게 그려야하죠?

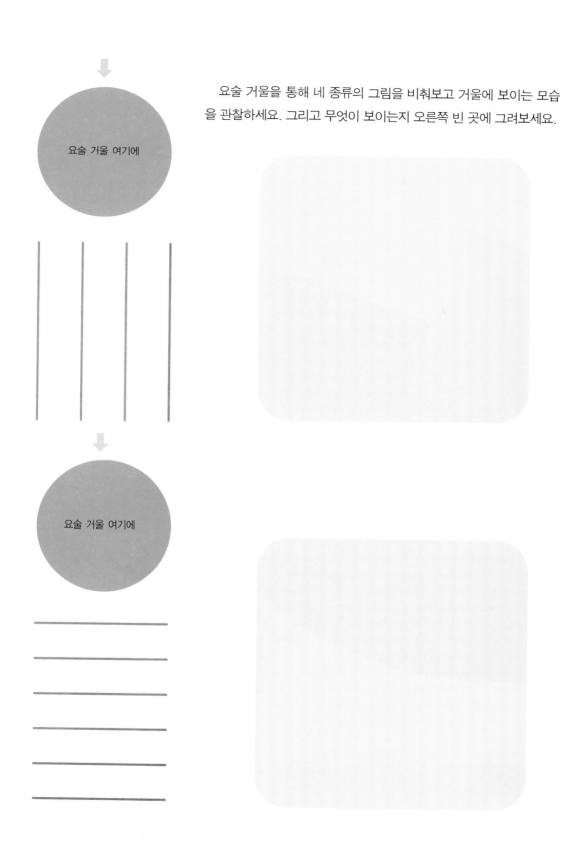

요술 거울을 통해 네 종류의 그림을 비춰보고 거울에 보이는 모습을 관찰하세요. 그리고 무엇이 보이는지 오른쪽 빈 곳에 그려보세요.

요술 거울 여기에

요술 거울 여기에

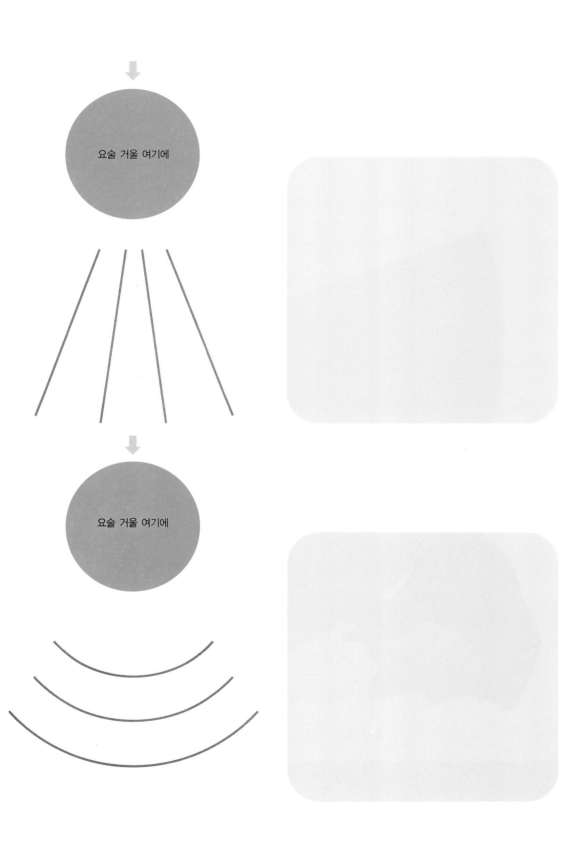

하게 보이지요. 이러한 원리를 이용해 그림의 한 점 한 점의 위치를 바꿔 옮기면서 새로 그림을 그리면 요술 거울을 통해서만 똑바로 보이는 그림을 완성할 수 있답니다.

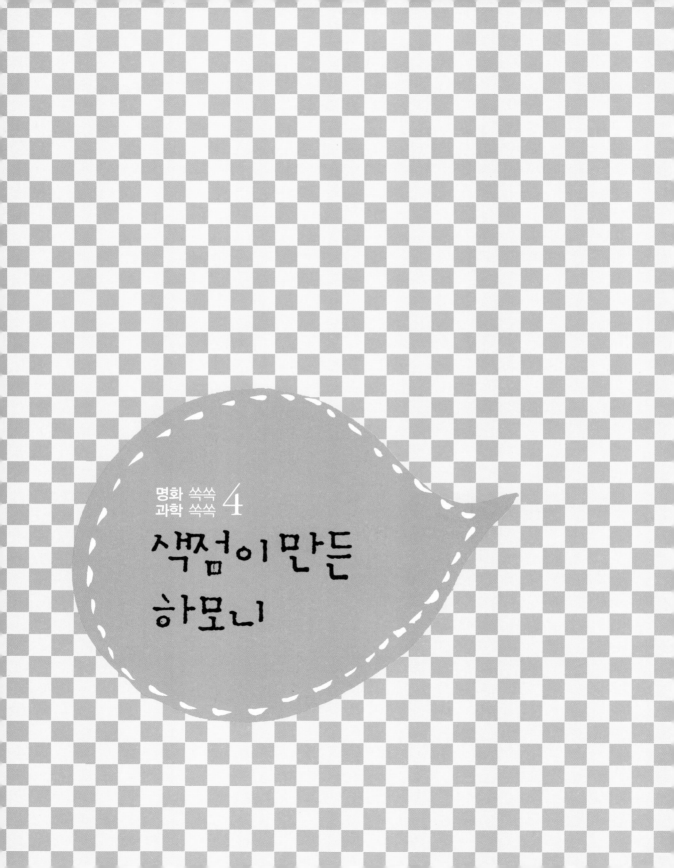

명화 쓱쓱
과학 쓱쓱 4

색깔이 만든
하모니

쇠라 | 〈라 그랑자트 섬의 일요일 오후〉 | 1884 | 캔버스에 유채

쇠라의 그림은 왜 점으로 그려져 있나요?

이번에는 색채 이론과 광학을 연구하고 그 실험 결과를 그림에 반영한 화가를 소개하겠어요. 바로 신인상주의를 창안한 쇠라입니다. 쇠라는 최소한 색채에 관한 한 그를 능가할 화가가 없을 만큼 이 분야의 대가입니다. 그것은 쇠라가 순수한 색채를 화폭에 표현하기 위해서 색채에 관한 과학적 이론이 담긴 책들을 열심히 탐독했기 때문입니다.

예를 들면 쇠라는 화학자 미셸 외젠 슈브뢸의 저서『색채의 대비와 조화의 법칙』(1839)과 미국 콜럼비아 대학 교수 오그던 루드의『현대 색채론』(1879)을 공부하면서 과학적 지식을 쌓아나갔습니다. 물론 과학 이론을 공부하는 한편 수많은 그림 실험을 병행했어요. 그리고 숱한 실

> 쇠라의 체계적인
> 색점은 아름다운
> 명작으로 남았답니다.

험 끝에 마침내 과학적이고 논리적인 특수 기법을 개발했어요.

 그럼 그의 최고 걸작으로 손꼽히는 〈라 그랑자트 섬의 일요일 오후〉
(p. 63)를 감상하면서 그 혁신적인 기법이란 어떤 것인지 확인해보겠어요.

 햇살이 눈부시게 쏟아지는 여름날, 파리 시민들이 휴일을 맞아 파리
북서부 센 강 중류에 떠 있는 그랑자트 섬에서 휴식을 취하는 장면을
묘사한 것입니다. 그랑자트 섬은 주말이면 산책이나 소풍, 보트 놀이를
즐기는 사람들로 붐비는 곳이었어요. 쇠라는 이 시민 공원에서 사람들
이 휴일을 즐기는 순간을 그림에 표현한 것입니다.

 그런데 특이한 사실은 캔버스에 무수한 색점이 가득 찍힌 것입니다.

쇠라는 마치 자수를 놓듯 수천 개의 색점을 화면에 정성껏 찍어서 모자이크처럼 아름답게 구성했어요. 그것도 그림 속의 색깔을 모두 분해한 후 수학적으로 정확하게 계산하여 체계적으로 색점을 찍어나갔습니다.

쇠라는 왜 이런 희한한 방식으로 그림을 그린 것일까요? 바로 순수하고 강렬한 색채를 얻기 위해서입니다. 쇠라는 색채 공부를 통해서 팔레트에서 물감을 혼합하면 색채가 칙칙해진다는 새로운 사실을 알게 되었어요. 더불어 작고 섬세한 순색의 점들을 나란히 색칠하면 선명한 색채를 얻을 수 있다는 사실도 깨닫게 되었습니다. 사람들이 그림을 볼 때 망막에서 색점들이 섞이기 때문이지요. 즉 사람의 눈이 팔레트에서 물감을 혼합하는 역할을 대신하기 때문에 전통적인 제작 방식보다 순수하고 강렬한 색채를 얻을 수 있어요.

예를 들어볼까요? 빨간색 옆에 파란색 점을 나란히 찍으면 보라색을 표현할 수 있어요. 순색의 점들이 사람의 망막에서 색채를 혼합하기 때문에 팔레트에서 색을 섞었을 때보다 선명한 보

빨강과 노랑을 섞으면 무슨 색?

○ + ○ = ?

라색을 얻을 수 있지요. 이런 사실을 뒤늦게 알게 된 쇠라는 색채의 순
도를 살리기 위해 인간의 한계를 초월한 인내심을 발휘하면서 색점을
찍어나갑니다.

쇠라는 자신이 개발한 특수 기법을 분할된 부분들로 색채 구성을 한
다는 의미에서 '분할묘사법'이라고 이름 지었어요. 그러나 나중에는
세공사처럼 꼼꼼하게 색점을 찍는다는 뜻에서 '점묘법'이라고 부르게
됩니다.

쇠라가 점묘법이라는 신종 기법을 개발하게 된 결정적인 계기
는 양탄자 공장에서 일했던 화학자 슈브뢸의 저서『색채의 대
비와 조화의 법칙』을 읽은 후부터입니다. 이 책은 보색과
반사 작용을 다룬 유명한 이론서인데요, 쇠라는 물감을 혼
합하지 않고 보색 관계에 있는 두 색깔을 나란히 색
칠할 경우 두 색은 상대의 색깔을 돋보이게 해주면
서 색상 또한 더욱 짙고 선명하게 보인다는 혁신적
인 이론에 눈이 번쩍 띄었어요.

그렇다면 보색이란 과연 어떤 색을 가리킬까요?
태양 광선은 여러 가지 색깔로 이루어졌지만 우리는
편의상 빨강, 노랑, 파랑, 초록, 주황, 보라, 남색 등 7
가지 색깔로 나누고 있어요. 이중 빨강, 노랑, 파랑

단비 넌
그것도 모르니,
주황이잖아.

세 가지 색을 가리켜 삼원색이나 1차색, 혹은 기본색이라고 부릅니다. 두 가지 기본색을 혼합한 색은 2차색, 또는 혼합색이라고 말해요. 바로 초록과 주황, 보라가 2차색에 해당합니다.

파랑과 노랑을 섞으면 초록색, 파랑과 빨강을 혼합하면 보라색, 빨강과 노랑을 섞으면 주황색이 됩니다. 이 세 가지 색깔은 1차색의 보색인데 보색은 두 1차색을 제외한 나머지 색과 짝을 이룹니다. 예를 들면 초록은 파랑과 노랑을 섞어 만들기 때문에 나머지 1차색인 빨강의 보색이 되지요. 반면 보라는 노랑, 주황은 파랑의 보색이 됩니다. 두 보색을 나란히 배치하면 동시 대비 효과가 생겨요. 대립적인 색들이 충돌해서 서로의 색을 강화하는 시각적 효과를 나타내기 때문이지요. 즉 빨간색은 녹색 옆에 위치할 때 가장 빨갛게 보입니다.

슈브뢸의 저서 『색채의 대비와 조화의 법칙』을 통해 순수한 색채를 표현할 수 있게 된 쇠라는 더욱더 색채 공부에 몰두합니다. 쇠라는 미국의 물리학자 오그던 루드의 저서 『현대 색채론』도 탐독합니다.

『현대 색채론』에는 22개의 서로 다른 색상의 보색 관계를 설명하는 색상표와 색상과 빛 사이의 과학적 연관성에 관한 이론이 담겨 있어요.

책에서 루드는 광선의 색과 물감의 색깔은 서로 다르다고 주장했어요. 예를 들면 삼원색인 빨강, 노랑, 파랑을 섞으면 광선은 흰색을 띠지만 물감의 경우에는 검은색이 됩니다. 다시 말해서 색채의 순도가 떨어져요. 쇠라는 화면에 색점을 찍으면 색채가 칙칙해지는 현상을 막을 수 있다고 생각합니다.

과학 서적을 통해 자신감을 얻게 된 쇠라는 마침내 〈라 그랑자트 섬의 일요일 오후〉에 그동안 갈고 닦은 과학 실력을 마음껏 뽐냅니다. 그리고 무수한 색채 실험 끝에 탄생한 이 기념비적인 작품을 광학적 회화라고 불렀어요. 과학적 이론을 바탕으로 그려진 쇠라의 새로운 그림은 선배와 동료, 후배 화가들에게 커다란 영향을 끼쳤어요. 화가들은 이제 본능과 감각에 의해 색채를 표현하는 시대가 지나가고 과학적 지식을 토대로 색채를 표현하는 시대가 왔음을 알게 되었습니다.

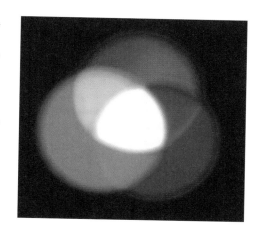

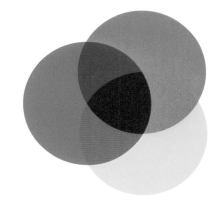

빛의 삼원색과 색의 삼원색

멀리서 보면 색이 섞여 보여요!

　앞선 관장님의 설명대로 쇠라는 한순간에 보이는 물체의 모습을 표현하지 않았어요. 대신 빛이 만드는 여러 현상에 대해 근본 원리를 연구하고 그것을 그림에 활용했습니다. 놀랍게도 앞에서 감상한 작품은 팔레트에서 물감을 섞지 않고 사람의 눈에서 색깔이 합쳐지는 효과를 노려 제작한 것입니다. 음, 믿기지 않는다고요? 그럼 쇠라의 그림을 점점 멀리 떨어뜨려가면서 감상해보세요. 어때요, 각 색점들이 어떻게 보이나요?

　눈에서 색이 합쳐지는 원리를 이해하기 전 우선 우리 눈이 어떻게 생겼는지부터 살펴보기로 해요. 마치 사진기의 렌즈처럼 우리 눈의 수정체는 망막에 물체의 상을 맺게 합니다. 아주 작은 점이 수정체를 지나면 망막에 맺힌 상 역시 작을 것 같지만 도리어 상은 더 커지지요. 때문에 아주 작은 점의 상은 오히려 약간 큰 점으로 맺힙니다. 이 같은 성질 때문에 우리가 가까이 있는 두 점을 볼 때 망막에서는 두 점의 상이 겹치고, 결국 각 색점 대신 합쳐진 색을 보게 되는 것이지요.

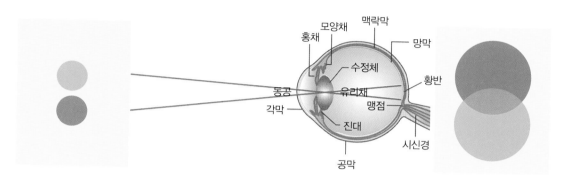

색점과 눈의 구조

다시 쇠라의 그림 이야기로 돌아가도록 해요. 친구들도 가까이에서 보면 두 개로 보이던 점이 눈에서 멀리 떨어지면 서로 중첩되어 보이는 경험을 했을 거예요. 마찬가지 효과가 쇠라의 그림에서도 나타납니다. 즉 점묘법으로 그린 작품은 멀리서 보면 점 대신 합쳐진 색으로 보이는 것이지요.

실제 점	눈의 망막에 생기는 상

위 실제의 점과 망막에 맺히는 점의 크기
아래 멀리서 보면 합쳐진 색으로 보이는 두 점

아직 이해가 되지 않는 친구들이 있다면 자신의 몸을 이용한 실험으로 이 사실을 확인할 수 있어요. 바둑판 모양의 색판이 그려진 면을 펼쳐 책상 위에 세우고 점점 뒤로 가면서 색판이 어떻게 보이는지 살펴보세요. 맞아요, 가까운 곳에서는 두 색판을 잘 구분할 수 있지만 멀리서 보면 두 색이 서로 합쳐져서 보일 겁니다.

잠깐 머리도 식힐 겸 중국의 만리장성과 관련된 재밌는 이야기를 나누기로 해요. 한때 달에서 맨눈으로도 만리장성을 볼 수 있다는 소문이

돌았습니다. 하지만 이것이 사실일까요? 사람의 눈은 물체를 가장 잘 볼 수 있는 거리인 명시 거리(사람마다 다르지만 대체로 25~30센티미터 정도의 거리에서 물체를 가장 잘 볼 수 있습니다)에서 두 점이 약 0.1밀리미터보다 가까이 있으면 한 개의 점으로 보게 됩니다. 만리장성의 폭을 5미터 정도로 생각하고 38만 킬로미터 떨어진 달에서 그것을 보는 경우를 생각하면 30센티미터 떨어진 곳에서 폭이 0.0000004센티미터인 물체를 보는 것과 같은 상황에 놓인다고 생각하면 됩니다.

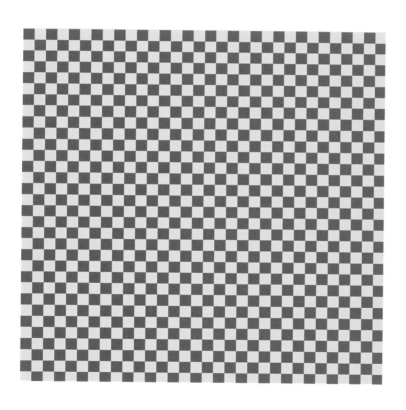

380,000,000m(지구에서 달까지의 거리) : 5m(만리장성의 폭) = 30cm(명시 거리) :

□□=0.0000004cm(명시 거리에서 이 정도 두께의 물체를 보는 것과 마찬가지)

담배 모자이크 바이러스의 폭이 15나노미터(=0.0000015센티미터)라는 것을 생각하면 어느 누구도 만리장성을 맨눈으로 볼 수 없는 것이지요. 길이는 충분하지만 폭이 너무 좁기 때문입니다.

너무 머리 아프다고요? 그렇다면 같은 물음에 대해 더 쉬운 방법으로 답을 생각해보도록 해요. 달에서 만리장성이 보인다면 미국의 고속도로도 당연히 보여야 하지 않을까요? 그렇다면 답은 분명해지겠지요.

과학이 보이네

현미경 루페를 이용해 컬러 인쇄물의 인쇄 부분을 살펴보세요. 또 TV 브라운관이나 컴퓨터 모니터를 확대해보세요. 현미경 루페는 일종의 휴대용 현미경으로 물체를 30~60배 정도 확대시켜줍니다. 컬러 인쇄에 사용된 색은 모두 몇 종류인지 알아보세요. 또 TV 모니터와 컴퓨터 모니터에 사용된 색은 몇 종류인가요?

왼쪽 모니터를 확대해서 볼 때 **오른쪽** 인쇄물을 확대해서 볼 때

점묘법은 쇠라나 시냐크 같은 신인상파 화가의 그림에서만 사용되는 것은 물론 아닙니다. 점묘법의 원리는 여러 곳에서 발견할 수 있습니다. TV의 브라운관이나 컴퓨터 모니터에 우연히 물방울이 튀었을 때

물방울을 통해 브라운관이나 모니터를 들여다보았다면 아마 작은 점들을 보았을 겁니다. 점묘법은 TV 브라운관이나 컴퓨터의 모니터뿐 아니라 인쇄물에도 사용되지요.

현미경 루페로 인쇄물이나 모니터, 브라운관을 살펴보면 앞 페이지 (p. 76) 사진과 같이 무수히 많은 미세한 점들을 볼 수 있습니다. 즉 모니터나 브라운관은 스스로 빛을 내기 때문에 빨강(R), 초록(G), 파랑(B) 이렇게 세 가지 점을 볼 수 있어요. 반면 인쇄물은 스스로 빛을 내지 않고 외부의 빛을 반사해 드러나는 것이므로 빨강(R), 초록(G), 파랑(B)이 빠진 색점으로 이루어집니다. 빨강이 빠진 청록(C), 초록이 빠진 자홍(M), 파랑이 빠진 노랑(Y), 여기에 검정(K)이 하나 더 들어가 네 종류의 점으로 이루어지는 것이지요.

검정을 만들기 위해 청록, 자홍, 노란색 점을 빽빽이 찍는다고 해도 모든 빛을 다 흡수하지는 못하고 일부를 반사하기 때문에 완전한 검은색을 만들지 못하고 회색이 됩니다. 따라서 검정 점이 있어야만 검은색을 제대로 나타낼 수 있는 것이지요. 이런 이유로 컬러 인쇄를 4도 인쇄라고도 합니다. 친구들이 읽는 컬러 책들은 모두 이 같은 4도 인쇄를 기본으로 탄생한 것이랍니다.

청록(C)　　　　　자홍(M)　　　　　노랑(Y)　　　　　검정(K)

C+M　　　　　M+Y　　　　　C+M+Y　　　　　C +M +Y + K

 위 컬러 인쇄물의 기본색 **아래** 색의 혼합

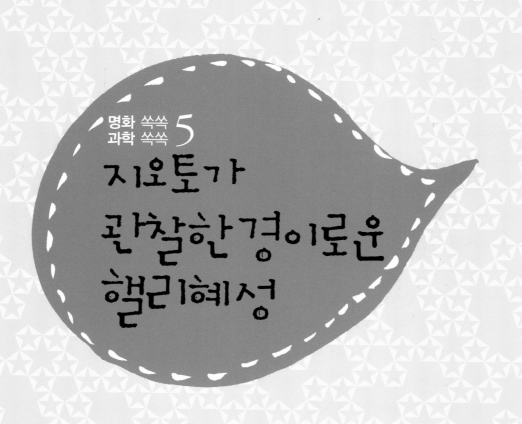

지오토 | 〈동방박사의 경배〉 | 1302 | 프레스코

지오토는 왜 혜성을 그림에 표현했을까요?

앞에서 소개한 화가들은 한결같이 호기심과 실험 정신이 강해요. 또 새로운 미술을 창조하고 싶은 열망이 강하다는 점에서 타의 추종을 불허합니다. 그런데 이처럼 예술적 열정이 강한 화가들도 지오토 앞에서는 그만 고개를 숙이고 맙니다. 왜냐하면 지오토는 전통적인 미술의 제작 방식을 거부하고 실로 혁신적인 미술을 창안했으니까요. 그 혁신적인 미술이란 바로 2차원의 화폭에 3차원적 공간을 창조하

는 것입니다.

지오토는 14세기 이탈리아 피렌체에서 활동한 천재 화가인데, 그는 그림에 그려진 대상들이 마치 실제 공간에 존재하는 듯한 착각을 주는 놀라운 그림을 창안했어요.

미술과 과학을 결합한 공적으로 '근대 회화의 아버지'라는 찬사를 받고 있습니다.

그럼 지오토의 그림(p. 81)에 나타난 과학적 요소를 살펴볼까요?

이 장면은 예수의 탄생을 경배하기 위해 말구유를 찾은 동방박사들이 성모자에게 황금과 몰약, 유황을 예물로 바치는 순간을 묘사한 것입니다. 그런데 동방의 현자들이 갓 태어난 그리스도에게 선물을 바치는 호화로운 예식보다 하늘을 가로지르는 커다란 별의 형태가 단연 우리의 눈길을 끕니다. 별은 핼리혜성과 비슷해요. 아니, 핼리혜성이네요.

성서에 따르면 동방박사들은 유난히 반짝이는 별을 길라잡이 삼아 예수가 태어난 베들레헴의 마구간에 무사히 도착할 수 있었어요. 그런데 지오토는 동방박사들을 그리스도에게 인도한 별을 핼리혜성과 똑같은 형태로 묘사했어요. 과연 어떤 연유에서 지오토의 그림에 핼리혜성이 등장하게 된 것일까요?

바로 지오토가 핼리혜성을 목격했기 때문입니다. 당시 자료에 의하면 핼리혜성은 지오토가 이 벽화를 그리던 시기인 1301년에 출현해서 사람들을 공포와 불안에 떨게 했어요. 호기심이 유난히 강했던 지오토는 혜성을 직접 눈으로 보았고 그 충격적인 체험을 그림에 묘사한 것이지요. 지오토가 자신이 직접 목격한 핼리혜성을 성탄 그림에 표현했다는 사실은 실로 경이로운 일이 아닐 수 없어요. 왜냐하면 그 시절의 화가들은 대상을 관찰할 생각도, 또 관찰한 경험을 그림에 묘사할 생각도 감히 상상조차 하지 못했으니까요.

왜 지오토 시절의 화가들은 사물을 관찰할 엄두조차 내지 못했을까요? 그것은 화가들이 현실보다 기독교적 영혼의 세계를 묘사하는 것에 관심을 두었기 때문입니다. 화가들은 그림 그리는 목적을 신앙심 강화에 두어 사물을 관찰할 필요성을 전혀 느끼지 않았어요. 당연히 사실적인 형태를 묘사하거나 실제처럼 느껴지도록 환상을 표현할 생각도 품지 않았어요. 따라서 수많은 세월이 흘러도 그림에 별다른 변화가 생겨나지 않았습니다.

그러나 천재인 지오토는 영혼이나 정신적인 세계를 표현하는 것보다 눈에 보이는 세계를 그림에 표현하고 싶었어요. 실제 눈으로 보는 것

같은 효과를 내는 혁신적인 그림을 창안해서 천상에 머물던 사람들의 의식을 현실 세계로 끌어내리고 싶었습니다. 현실성이 결여된 정형화된 그림에 싫증이 난 지오토는 자신의 그림에 구체적인 대상들을 등장시켜요.

예를 들면 아레나 예배당에 그린 벽화에는 양, 염소, 개, 나무 등이 나와요. 그런데 이것들은 실제 가축과 나무처럼 느껴집니다. 더욱 위대한 점은 지오토가 대상을 관찰하고 그것을 그림에 표현하는 데 그치지 않은 점입니다. 그는 새로운 기법을 개발해서 그림에 그려진 대상이 더욱 자연스럽게 느껴지도록 만들었어요. 즉 평평한 2차원의 화폭에 3차원적 공간의 깊이감을 연출하는 과학적 원근법을 회화에 최초로 도입한 것입니다.

자, 다음 페이지의 그림(p. 86)을 보세요.

실제적이며 3차원적인 지오토의 그림은 당시 사람들에게 충격을 주었단다.

화면 앞쪽의 건물은 앞으로 툭 튀어나오고 배경의 건물은 화면 뒤쪽으로 쑥 물러나 보이지요? 사람들 역시 실제 공간에 존재한 것 같은 착각을 불러일으켜요. 비록 그림의 내용은 성서에 나온 성자인 성 프란체스카의 이야기를 담았지만 마치 현실에서 일어난 사건처럼 느껴지도록 표현했어요. 이처럼 지오토의

 지오토 | 〈아시시의 바실리카 교회당 벽화〉 | 1300년경 | 프레스코

 치마부에 | 〈산타 트리니타 성모〉 | 1260~80 | 패널에 템페라

그림은 실제적이며 3차원적이어서 당시 그림을 대한 사람들은 큰 충격을 받았어요. 성경의 이야기가 마치 눈앞에서 벌어진 일처럼 생생하게 다가왔기 때문입니다. 물론 친구들은 지오토의 그림보다 더 실제처럼 느껴지는 그림을 주변에서 쉽게 보기 때문에 당시 사람들이 받은 충격의 강도를 실감하기 어려울 거예요. 그래서 지오토가 활동하던 시절에 제작된 그림을 비교 감상하는 순서를 마련했어요. 85페이지의 그림을 보세요, 어때요. 이 그림은 평평한 2차원 화면 그대로이며 공간감과 실제감도 전혀 느껴지지 않지요? 이처럼 14세기에 그려진 다른 그림과 비교하면 지오토의 그림이 얼마나 혁신적인지 금세 깨달을 수 있어요.

다음은 지오토가 혁신적인 그림을 창안할 수 있었던 배경을 살펴보겠어요. 지오토가 살던 시절의 피렌체는 중세 봉건주의에서 벗어나 자본주의 도시 국가로 급부상하고 있었어요. 피렌체가 유럽에서 가장 부유한 도시가 된 것은 은행업과 직물업, 무역업으로 떼돈을 벌어서입니다. 도시가 엄청난 경제적 번영을 누리면서 학문과 예술, 특히 자연과학에 대한 관심이 덩달아 높아졌어요.

예를 들면 아리스토텔레스의 과학 서적이 아랍과 비잔틴

치마부에의 그림은
평평하게 느껴져서
공간감과 실제감이 없어요.

세계에서 피렌체로 유입되면서 사람들은 물질 세계에 대한 호기심이 부쩍 늘어났어요. 또 천문학과 유클리드 수학, 광학, 자석의 속성에 대한 연구 등 과학이 눈부시게 발전했어요. 지오토는 과학을 탐구하는 이런 시대 분위기에 커다란 자극을 받았어요. 주변에 있는 사물들을 관찰하고 그런 자신의 생생한 경험을 사실적으로 표현하고 싶은 마음이 생겼습니다. 즉 영혼의 세계가 아닌 현실을 그리기 위해서 2차원의 화면에 3차원적 공간감을 주는 새로운 기법을 창안한 것이지요.

그렇다면 천재 지오토 덕분에 후배 화가들은 어떤 혜택을 누리게 되었을까요? 저 높은 하늘의 세계에서 땅의 세계로 내려올 수 있게 되었어요. 그 땅의 세계란 인간의 육체와 감정, 체험을 소중하게 여기는 현실적인 공간을 말합니다.

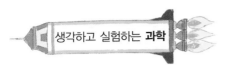

혜성은 더러운 얼음덩어리랍니다!

친구들, 지오토의 〈동방박사의 경배〉그림(p. 81) 위쪽에 마치 별똥별처럼 꼬리를 길게 늘어뜨린 것은 핼리혜성임을 이미 잘 알았어요. 76년마다 한 번씩 태양 주위를 돈다는 것을 처음 알아낸 영국의 천문학자 에드먼드 핼리의 이름을 빌려 핼리혜성이 되었지요.

1986년 핼리혜성이 지구에 가까이 왔을 때, 유럽 우주국은 화가 지오토의 이름을 딴 혜성 탐사선을

핼리혜성은
무엇으로
이루어졌나요?

얼음덩어리로 만들어졌단다.
그러고 보니 꼬리가
재치 꼬리와 닮았구나.

헬리혜성에 보내 조사하도록 했답니다. 탐사선 지오토는 헬리혜성 주위의 가스와 먼지구름을 통과해 헬리혜성의 핵 사진을 찍어 보내왔습니다. 이 자료에 의해 헬리혜성의 핵은 길이 15킬로미터, 폭 8킬로미터 정도의 '더러운 얼음덩어리'임이 밝혀졌어요. 혜성이 태양 가까이 접근하면 태양열에 의해 표면의 얼음덩어리가 녹아 기체로 변하게 됩니다. 그리고 태양풍에 의해 태양의 반대편으로 긴 꼬리를 늘어뜨리는 것이지요. 혜성 중에는 그 꼬리의 길이가 태양에서 지구까지의 거리보다 더긴 경우도 있습니다. 헬리혜성은 2061년께야 다시 지구를 방문하게 되겠지요.

그런데 헬리혜성은 어떻게 해서 76년마다 한 번씩 태양 주위를 도는 것일까요? 이 이야기를 하기 위해서는 인공위성의 원리를 들여다볼 필요가 있습니다.

절벽에 서서 앞쪽으로 돌멩이를 힘껏 던지면 어떻게 되나요? 당연히 땅으로 떨어지겠지요. 그렇다면 높은 산에서 포탄을 아주 빠르게 발사하면 어떻게 될까요? 포탄을 발사하는 속도가 빨라질수록 점점 더 먼 곳에 떨어집니다.

그러다가 속도가 아주 빨라지면 이제는 땅으

포탄 발사 지점

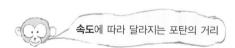

속도에 따라 달라지는 포탄의 거리

로 떨어지지 않고 계속 지구 주위를 돌게 됩니다. 지구 근처로 가정하면 포탄의 속력이 초속 8킬로미터 정도 되면 떨어지지 않고 인공위성이 되어 지구 주위를 계속 돌겠지요.

그렇다면 이 같은 원리를 처음 생각한 과학자는 누구일까요? 바로 천재 과학자 뉴턴입니다. 그는 달을 보고 달의 운동과 사과의 운동이 같다는 것을 알아냈어요. 만약 지구가 없었다면 달은 곧장 앞으로 나아갈 것입니다. 그러나 지구가 달을 끌기 때문에 달은 지구 쪽으로 당겨진 셈이지요. 그렇게 끌려오다 보니 어느새 지구와의 거리가 되어버렸어요. 이렇게 해서 달과 지구는 서로 부딪히지 않고 계속 돌 수 있게 된 것입니다. 뉴턴은 이 같은 달의 성질을 두고 "달은 지구로 영원히 낙하하고 있다"라고 말했어요. 무슨 의미인지 알쏭달쏭한 친구들은 이 글을 끝까지 읽어보세요.

다시 인공위성 이야기로 돌아갑시다. 앞에서 말했듯 인공위성이 빨리 움직이기 때문에 지구로 끌려오지 않고 계속 지구 주위를 돌 수 있다고 했어요. 그렇다면 포탄을 원운동 조건보다 빠르게 발사하면 어떻게 될까요? 원운동을 할 때보다 더 멀리까지 가겠지만 결국 다시 원래의 위치로 돌아오게 된답니다. 물론 아주 빨리 발사하면 지구에서 도망가 버리지만 말입니다. 지구 표면 근처의 높은 산에서 포탄을 초속 8킬로미터로 발사하면 포탄이 원을 그리며 다시 제자리로 돌아옵니다. 또 초속 11.2킬로미터 이상으로 발사하면 영원히 지구를 벗어납니다. 그러면 초속 8킬로미터에서 11.2킬로미터 사이의 속력으로 포탄을 발사하면 어떻게 될까요? 이때 포탄은 타원을 그리며 지구 주위를 돌겠지요. 다만 발사 속력이 점점 빨라지면 더 찌그러진 타원의 모습을 하게 되는 것입니다.

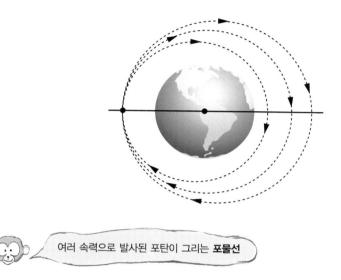

여러 속력으로 발사된 포탄이 그리는 **포물선**

태양 주위를 돌고 있는 행성들도 마찬가지랍니다. 행성들도 모두 원을 그리면서 태양 주위를 돌고 있어요. 물론 처음 운동을 시작했을 때의 여러 조건에 따라 찌그러진 정도는 각기 다르지만 대부분 원 모양에서 크게 찌그러지지는 않았답니다. 반면 혜성은 찌그러진 정도가 아주 큰 행성이지요. 그래서 핼리혜성은 76년마다 한 번씩 저 멀리 명왕성 바깥까지 갔다가 수성 안쪽까지 돌아오는 여행을 계속하고 있는 것입니다.

과학이 보이네

물컵 떨어뜨리기

준비물: 물, 종이컵, 칼

실험

1. 사진처럼 종이컵 아래쪽 옆부분에 구멍을 뚫으세요.

2. 손가락으로 구멍을 막고 종이컵에 물을 부으세요.

3. 이 상태에서 손을 놓으세요. 컵 안의 물이 어떻게 되나요?

떨어지는 동안에는 구멍으로 물이 새지 않습니다. 물과 종이컵 중 어느 쪽이 먼저 떨어지는 것이 아니고 동시에 떨어지므로 물이 구멍 밖으로 새어나올 수 없는 것이지요.

그렇다면 200미터 높이의 63빌딩에서 엘리베이터를 타고 내려오는데 갑자기 엘리베이터 줄이 끊어졌다고 생각해봅시다. 이때 엘리베이터 안의 모든 물체는 엘리베이터와 함께 떨어지는 것입니다. 만약 발 밑에 체중계가 있다면, 체중계에 힘이 작용하지 않아 체중계의 눈금은 0이 될 것입니다. 동전을 떨어뜨려도 바닥으로 떨어지지 않아요. 7초 정도의 짧은 순간이지만 무중력 상태가 만들어지는 것이지요.

마찬가지로 사람이 들어가 앉아도 될 만큼 커다란 포탄이 발사된다면 그 안의 사람은 무중력 상태를 느끼게 됩니다. 포탄하고 사람이 같이 운동하기 때문에 서로 영향을 끼치지 않는 것이지요. 미국이나 러시아에서는 이 같은 원리를 이용해 비행기로 무중력 상태를 만듭니다. 우주인들이 무중력 상태 체험 훈련을 하는 것이지요. 발사된 포탄과 똑같은 상황으로 비행기가 날면 그 안에 탄 사람들은 무중력 상태를 경험하게 되는 것입니다. 영화《아폴로 13호》촬영 역시 이 비행기 안에서 이루어진 것이며, 대한민국 첫 우주인을 선발할 때도 같은 상황에서 무중력 테스트를 한 것이지요.

앞에서 인공위성의 원리를 이야기할 때 '지구로 영원히 낙하하고 있는 중'이라는 표현을 썼습니다. 이 말은 인공위성이 지구로 떨어지면서 움직이는 길이 원운동의 궤적과 꼭 들어맞는다는 의미입니다. 인공위성에 탄 사람 역시 지구로 영원히 낙하 중인 셈이죠. 이때도 역시 지구로 떨어지는 상황이므로 무중력 상태를 경험한다는 것은 두말하면 잔소리겠죠?

명화 쏙쏙
과학 쏙쏙 6

살아 있는
풍경화의 비결

 푸생 | 〈포시옹의 유골이 있는 풍경〉 | 1648 | 캔버스에 유채

어쩌면 이렇게 실제 풍경처럼 보일까요?

　지오토는 2차원의 화면에 깊이감을 주기 위해서 화면에 원근법을 적용했어요. 이번에 소개할 푸생 역시 화면에 공간감을 주기 위해 원근법을 활용합니다. 그러나 푸생이 구사한 원근법은 지오토의 원근법과 달라요. 푸생은 대기원근법을 사용해서 공간감을 표현하고 있거든요.

　그럼 푸생의 그림(p. 99)을 감상하면서 과연 대기원근법이 어떤 것인지 살펴보도록 하겠어요.

　아름다운 전원을 그린 풍경화입니다. 하늘에는 뭉게구름이 떠가고 들판에서는 농부들이 땀 흘려 농사를 지어요. 또 큰 나무는 동네 터줏대감인 양 마을을 든든하게 지키고 있어요. 화면 앞쪽에는 두 남자가 무언가를 들것에 싣고 걸어갑니다.

　언뜻 보면 한가롭고 목가적인 풍경화로 보여요. 하지만 이 풍경화에는 애달픈 사연이 숨어 있어요. 대기원근법을 얘기하기 전에 그 가슴 아픈 이야기를 간략하게 전해드리겠어요.

옛날 고대 아테네에 포키온이라는 용감한 장군이 살았어요. 당시 아테네는 위기에 빠져 있었어요. 마케도니아 제국의 알렉산드로스 대왕이 막강한 전투력을 앞세워 아테네를 위협하고 있었거든요. 포키온은 용맹하기 그지없는 장군이었지만 아테네 같은 작은 도시 국가가 대제국과 전쟁을 벌이면 전혀 승산이 없다고 판단했어요. 그래서 알렉산드로스 대왕과 평화 협상을 벌여 전쟁을 피할 수 있었습니다. 그런데 전쟁을 원한 강경파들은 평화주의자인 포키온의 현명한 결정을 못마땅하게 여겼어요. 그들이 포키온을 해칠 기회를 노리던 도중에 그만 알렉산드로스 대왕이 갑자기 세상을 떠나게 되었어요. 대왕의 죽음을 빌미로 반대파들은 포키온에게 국가 반역자의 누명을 씌워서 처형하고 말았어요.

처참하게 처형한 것도 부족했던가. 포키온의 시신마저 조국에 묻히지 못하도록 그의 시신을 '메가라' 라는 곳으로 보내 화장시키도록 지시했어요. 포키온의 영혼이 안식을 취하지 못하도록 잔인한 조치를 취한 것이지요. 지금 이 장면은 가엾은 포키온의 시신이 들것에 실려 나라 밖으로 추방되는 순간을 묘사한 것입니다.

푸생은 도덕군자이며 이상주의자인 포키온의 영웅적 행동을 널리 기

 레오나르도 다 빈치 | 〈성 안나와 성모자〉 | 1510년경 | 패널화

리고 싶었어요. 나라를 진심으로 사랑한 평화주의자의 애국심을 강조하기 위해 포키온의 일화를 장엄한 고전적 형식의 풍경화에 담은 것입니다.

 이렇게 목가적인 풍경화 속에 숨어 있는 슬픈 사연의 내막을 알았으니 이제 다시 대기원근법에 대한 얘기로 되돌아가야 할 것 같아요.
 먼저 하늘과 맞닿은 산을 자세히 살펴보세요. 산꼭대기가 희미하게 보이는 것을 확인할 수 있을 거예요. 화면 오른쪽에 서 있는 큰 나무와 산을 가로막은 나무들로 인해 산은 더욱 아득히 멀어져 보입니다. 푸생은 하늘과 구름, 산의 정상을 흐릿하게 표현했어요. 이런 기법을 '스푸마토 기법', 혹은 '대기원근법'이라고 부릅니다. 스푸마토란 연기로 되돌아간다는 뜻을 지녔어요. 스푸마토 기법을 최초로 그림에 완벽하게 구사한 사람은 르네상스 거장인

레오나르도 다 빈치입니다. 사물에 대한 관찰력이 뛰어났던 다 빈치는 멀리 떨어진 대상은 눈에 가까이 보이는 것보다 형태가 뚜렷하지 않다는

스푸마토 때문에 몽롱해 보인단다.

사실을 발견했어요.

그는 대기와 풍경이 맞닿은 부분의 윤곽선을 문질러서 마치 연기가 피어오르듯, 혹은 안개가 낀 듯이 그리는 실험에 착수했어요. 그 결과 어떤 현상이 벌어졌을까요? 풍경이 멀리 떨어져 보이는 듯한 효과를 내지 않겠어요? 〈성 안나와 성모자〉를 그린 그림(p. 102) 속 산 풍경이 바로 다 빈치가 스푸마토 기법으로 그린 것입니다.

레오나르도 다 빈치의 초상

스푸마토 기법을 이용하면 사물의 경계가 모호해지고 그림자가 부드럽게 번지기 때문에 아지랑이가 낀 듯한 아련한 느낌이 납니다. 푸생은 음영을 만들어 거리감을 주는 스푸마토 기법을 활용해서 산등성이를 뿌옇게 처리했어요. 어때요, 윤곽선이 희미해진 바람에 산은 뒤로 멀찌감치 물러나는 효과를 내지 않나요?

푸생은 기하학적이며 논리적인 풍경화를 그린 화가로 유명해요. 흔히 푸생을 가리켜 고전적 풍경화의 창시자라고 부르는 것도 그가 그린 풍경화가 엄격한 질서와 통일성, 조화로운 구성을 지니고 있기 때문입니다. 푸생의 풍경화를 보면 전경과 중경, 후경이 명확하게 구분돼요.

또 좌우상하 대칭과 수평과 수직의 기하학적인 구성 원칙을 지키고 있다는 것을 알 수 있어요. 또한 균형과 비례도 완벽합니다. 그러나 이 모든 것은 저절로 얻어진 것이 아닙니다.

푸생은 완벽하고 질서정연한 그림을 그리기 위해 상상을 초월한 노력을 기울였어요. 수많은 스케치를 하고 밀랍으로 만든 작은 모형들을 격자 눈금이 그어진 축소된 배경에 이리저리 배치하면서 열심히 화면 구성법을 연습했어요. 이런 각고의 노력 끝에 푸생은 프랑스 화가로는 최초로 국제적인 명성을 얻게 됩니다. 프랑스 아카데미는 푸생의 위대함을 기리기 위해 그의 영전에 '프랑스 회화의 아버지'라는 찬사를 바쳤습니다.

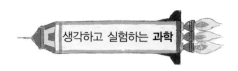

생각하고 실험하는 **과학**

공기의 산란이 스푸마토를 탄생시켰어요!

　흔히 그림을 그릴 때는 이성보다는 감성이 더 필요하다고들 말합니다. 물론 그림을 잘 그리려면 풍부한 감성도 필요하지만 치밀한 관찰력, 공간 지각력 등 사물의 이치를 따지는 이성적 능력도 함께 요구되지요. 따라서 만약 친구들이 그림을 잘 그리고 싶다면 우선 '제대로' 보는 것을 익혀야 합니다.

　푸생의 그림(p. 99)을 보세요. 마치 창을 통해 바깥 경치를 내려다보는 것처럼 너무 생생하지 않나요? 어떻게 화가는 이렇게 그림을 그릴 수 있었을까요? 네, 맞아요. 원근법의 원리를 잘 살렸기 때문이지요. 도대체 원근법의 원리가 무엇이기에 이렇게 마법 같은 그림을 그릴 수 있냐고요? 좋아요, 그 원리가 궁금한 친구들을 위해 확실하게 비밀을 공개할게요.

원근법의 첫째 원리는 선원근법이에요. 아이고, 너무 거창해서 무슨 말인지 모르겠다고요? 전혀 어렵지 않아요. 친구들은 이미 멀리 있는 물체는 작게, 가까이 있는 물체는 크게 보인다는 것을 잘 알고 있습니다. 바로 이렇게 그림을 그리는 원리를 선원근법이라 이해하면 됩니다. 내친 김에 조금 더 배워봐요. 친구들은 시각이라는 말을 들어보았을 겁니다. 시각이란 물체의 양 끝과 눈이 이루는 각을 의미하는데요, 시각이 크면 우리는 물체를 크게 느끼게 됩니다.

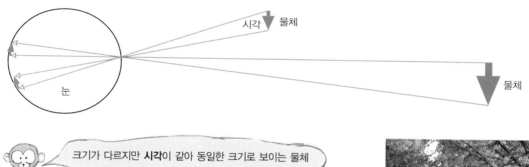

크기가 다르지만 **시각**이 같아 동일한 크기로 보이는 물체

앞에서 말했듯 사물이 멀리 있을수록 작게 그려야 되는데, 물체가 아주 멀리 떨어진 경우에는 모두 한 점으로 모이게 됩니다. 이 점을 '소실점'이라고 해요. 그래서 이 원리를 응용한 화가들은 그림을 그릴 때 소실점 하나를 정하고 그 소실점을 향해 일정한 간격으로 선이 모이도록 미리 그어놓아요. 그 다음 이 선을 기준

한 점으로 모이는 가로수길

으로 사람이나 건물 등 주제에 맞게 사물들을 표현하는 것이지요.

이 원근법의 발명으로 르네상스 이후의 화가들은 마치 실제 사물이 있는 것처럼 화폭에 사물들을 펼쳐놓을 수 있게 되었습니다. 생각해보면 아주 간단한 원리지만 우스꽝스럽게도 14세기 이전까지 화가들은 이 방법을 전혀 몰랐다고 해요. 아니, 관장님의 말씀에 따르면 관심이 없었다는 표현이 더 옳겠네요.

어, 친구들, 이제 원근법이 무엇인지 다 알게 되었다고 큰소리치면 안 돼요. 선원근법만으로는 실제 자연에서 느끼는 모습을 그대로 나타낼 수 없기 때문이지요. 선원근법만 사용한 그림을 보면 어딘지 어색한 느낌이 듭니다. 실제 밖에 나가 먼 산을 바라보세요. 멀리 있는 산과 가까이 있는 산이 같은 모습으로 보이나요? 가까이 있는 산은 뚜렷하고 색깔도 진하지만, 멀리 있는 산은 흐릿한데다가 조금 푸른색이 돌 겁니

푸른색이 도는 멀리 있는 **산**

원근법은 크게
선원근법과 공기원근법으로
나눌 수 있습니다.

다. 바로 눈과 산 사이에 공기가 있기 때문이지요. 르네상스 시대부터 화가들은 이 같은 공기의 작용도 파악해 그림으로 표현했습니다. 앞에서 이명옥 관장님이 설명한 스푸마토가 여기에 해당하고 이를 ‘공기원근법’이라고도 부르지요.

　공기의 작용을 제대로 알려면 공기의 ‘산란’ 효과를 이해해야 합니다. 여기서 사용하는 산란散亂은 물고기나 닭이 알을 낳는 ‘산란産卵’과는 의미가 달라요. 어떻게 하면 산란 효과를 쉽게 이해할 수 있을까요? 머릿속에 인공으로 파도를 치게 만든 풀에 기둥을 세웠다고 상상해봅시다. 한쪽 구석에서 만들어진 물결파가 나란히 나아가다 기둥을 만나

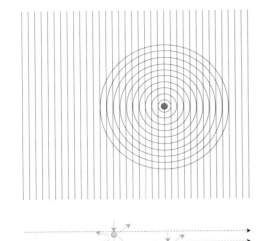

면 기둥에서 새로운 물결이 생겨나 다시 사방으로 퍼지게 됩니다. 빛도 마찬가지예요. 사방으로 나아가던 빛이 작은 알갱이를 만나면 알갱이로부터 다시 빛이 사방으로 흩어지게 되는 것이지요. 산란이라는 말은 이처럼 '흩어진다' 는 뜻입니다.

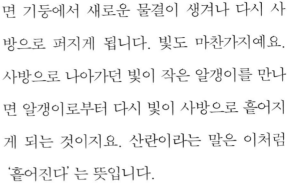

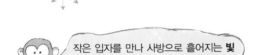

작은 입자를 만나 사방으로 흩어지는 빛

그런데 산란을 일으키는 정도는 알갱이의 크기나 빛의 색깔에 따라 달라지게 돼요. 구름이나 안개의 물방울처럼 큰 알갱이는 모든 빛을 산란시킵니다. 그래서 구름이나 안개는 하얗게 보이는 것이지요. 하지만 공기를 이루는 질소나 산소같이 작은 알갱이는 파란색을 더 잘 산란시킵니다. 그래서 낮에 하늘을 보면 산란된 파란색 때문에 파랗게 보이는 것이지요. 반면 공기를 통과한 햇빛은 무슨 색인가요? 맞아요, 노란색으로 보입니다. 그 이유는 태양빛에 노란색 성분이 가장 많은 까닭도 있지만 파란색이 이미 빠져나가버린 탓에 노란색이 더 강하게 느껴지기 때문이지요.

"그렇다면 아침이나 저녁에 지평선 근처의 태양은 왜 붉은색을 띠나요?" 호기심 강한 친구가 선생님께 질문을 하는군요. 아침 저녁에는 통과해야 하는 공기가 두껍기 때문에 빛이 두꺼운 구름을 통과하는 동안

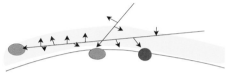

지평선 근처에서 붉은색을 띠는 **태양**

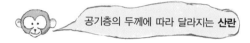

공기층의 두께에 따라 달라지는 **산란**

산란이 더욱 많이 일어납니다. 따라서 공기
층을 다 통과하고 난 뒤에는 산란이 잘 일어
나지 않는 붉은색만 남기 때문에 그렇게 보
이는 거랍니다. 아이고, 질문이 끊이질 않네요. 또 다른 친구가 공기가
없는 달에서 낮에 하늘을 보면 어떻게 보이는지 물어왔어요. 당연히 공
기가 없으니 산란되는 빛도 없을 것이고 태양만 밝게 빛나겠지요. 물론
하늘은 검게 보입니다.

다시 멀리 있는 산 이야기로 돌아가볼까 해요. 멀리 있는 산이 파랗
게 보이는 이유는 산에서 출발한 빛에 산과 친구들의 눈 사이의 공기에
서 산란된 파란빛이 더해져 그렇게 보이는 것입니다. 마치 파란 물감을
탄 물을 통해 사물을 볼 때와 마찬가지라고 생각하면 되겠지요.

과학이 보이네

방안에서 노을 즐기기

준비물 우유, 물이 담긴 유리컵, 손전등

실험

1. 실내를 어둡게 하고 유리컵에 물을 담으세요. 그리고 하얀 벽면을 향해 유리컵에 불빛이 통과하도록 손전등을 비추세요.

2. 이때 하얀 벽면에 비친 불빛의 색을 잘 관찰하세요.

3. 이번에는 물이 담긴 유리컵에 한두 방울의 우유(우유가 없다면 커피 크림을 조금 넣어도 됩니다)를 떨어뜨리세요. 그리고 하얀 벽면에 비친 불빛 색이 어떻게 바뀌는지 잘 관찰해보세요.

옆이나 위에서 유리병을 보는 경우는 빛이 지나는 길을 옆에서 보는 것과 같습니다. 이때는 산란된 빛을 보기 때문에 낮에 하늘을 볼 때와 마찬가지로 푸른빛을 띱니다. 또한 반대편에서 물을 통해 스탠드 불빛을 보면 산란으로 인해 파란색을 많이 잃게 됩니다. 때문에 저녁노을을 볼 때처럼 붉은빛을 띠게 됩니다.

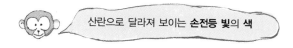

산란으로 달라져 보이는 **손전등 빛의 색**

맑은 물을 지난 손전등 빛의 색은 약간 파란색을 띠고 있습니다. 그런데 물에 우유를 약간 타면 파란색 빛은 산란되어 옆으로 흩어지고 산란이 잘 안 되는 붉은색 빛만 물컵을 그대로 통과하기 때문에 빛이 도달하는 스크린을 보면 붉게 보이는 것입니다.

명화 쏙쏙 7
과학 쏙쏙

원근법을 파괴한
피카소

 피카소 | 〈인형을 안고 있는 마야〉 | 1938 | 캔버스에 유채

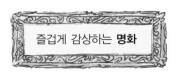
피카소 그림에 표현된 얼굴은
왜 이렇게 이상할까요?

지오토와 푸생은 2차원의 화면에 3차원적 깊이감을 주기 위해 원근법을 활용한 대표적인 화가들입니다. 그런데 세월이 흐르면서 이상한 일이 벌어졌어요. 원근법에 의해 표현된 공간은 착각에 불과하며 가짜 공간이라고 주장한 화가가 나타났거든요. 이 화가는 자신의 주장을 증명하기 위해 원근법을 파괴하는 그림을 제작하는 데 평생을 바칩니다. 안티 원근법의 기수는 바로 20세기의 천재 화가로 명성을 떨친 피카소입니다.

그럼 피카소의 그림(p. 115)을 감상하면서 그가 어떻게 원근법을 파괴했는지, 또 그 결과는 어떤 것인지 알아보겠어요.

피카소가 자신의 딸인 마야를 그린 초상화입니다. 그런데 피카소는 귀여운 마야의 얼굴을 괴물처럼 표현했어요. 마야의 한쪽 눈은 정면을, 다른쪽 눈은 옆면을 보고 있거든요. 또 코는 어떤가요. 측면에서 볼 때의 코와 정면에서 볼 때의 코를 동시에 표현하고 있어요. 각기 서로 다른쪽을 보고 있는 눈, 어긋난 눈썹, 앞이면서 옆인 코, 이목구비는 제 위치에서 벗어났으며, 한마디로 뒤죽박죽의 얼굴입니다. 흔히 사람들은 얼굴의 형태가 변형된 이상한 그림을 보면 피카소 그림 같다는 말을 해요. 그런 의미에서 볼 때 이 그림은 가장 피카소답지요.

대체 피카소는 왜 사랑스런 딸을 기형 인간처럼 괴상하게 표현한 것일까요. 마야의 앞모습과 옆모습을 동시에 보여주기 위해서입니다. 피카소는 마야의 얼굴을 앞면과 옆면에서 관찰한 뒤 한 얼굴에 결합했어요. 즉 자신의 귀여운 딸을 두 개의 시점에서 바라본 모습을 한 화면에 담은 것이지요. 이런 그림을 가리켜 입체주의 회화라고 부릅니다.

피카소가 화면에 입체주의 방식을 도입한 것은 한 개의 관점으로 관찰한 원근법적인 그림을 파괴하기 위해서였어요. 천재인 피카소는 미술의 전통을 파괴하고 새로운 미술을 창안하고 싶은 갈망을 품었어요. 피카소가 염두에 둔 전통 미술이란 원근법을 적용한 미술을 가리켜요.

서양 미술은 원근법이 발명된 르네상스 이후 19세기 말까지 원근법의 완벽한 지배를 받았어요. 원근법은 450년 동안 화가들의 우상으로 군림했어요. 화가들이 원근법에 열광한 것은 2차원의 화면에 3차원적으로 그리고자 하는 대상을 감쪽같이 표현할 수 있어서입니다. 원근법을 적용하면 화면에 가상의 공간이 생기기 때문에 그려진 대상이 실물처럼 느껴져요. 즉 실제로 착각할 만큼 사물을 완벽하게 재현하고 싶은 미술가들의 열망이 원근법이라는 신종 기법을 발명하게 된 계기가 되었다는 얘기지요.

그러나 마법의 원근법은 진실이 아닙니다. 원근법적인 회화를 그리려면 화가는 대상을 특정한 시점에 두고 묘사해야 합니다. 완벽한 원근법을 표현하려면 정지한 상태에서 한쪽 눈으로 대상을 보고 그려야 해요. 이것은 카메라 사진을 찍을 때의 방식과 같아요. 화가는 자신의 눈을 카메라처럼 움직여서는 안 돼요. 눈을 대상에 고정시킨 채 한 시점에서 사물을 관찰해야만 합니다. 다시 말해 화가는 카메라가 되어야 하는 것이지요.

하지만 인간이 정지 상태에서 기계인 카메라처럼 오직 한쪽 눈으로 대상을 보기란 불가능해요. 왜냐하면 인간의 눈은 끊임없이 움직일 뿐

더러, 또 두 눈으로 사물을 바라보기 때문이지요. 피카소는 이런 원근법의 모순을 깨달았어요. 원근법이 진실이 아니라고 판단한 피카소는 원근법은 허구임을 밝혀내기 위한 숱한 실험을 합니다.

하루가 멀다 하고 카메라 실험을 하고 스케치를 하면서 원근법은 착시에 불과하다는 사실을 거듭 확신해요. 마침내 피카소는 한 지점에서 대상을 바라보는 대신 여러 시점에서 관찰한 뒤 한 화면에 결합한 혁신적인 입체주의 방식의 그림을 창조하기에 이릅니다.

그런데 피카소가 정지된 원근법이 아닌 대상의 주위를 돌아다니면서 관찰한 이른바 움직이는 원근법을 개발한 계기는 당시 눈부시게 발전하는 과학의 영향을 받아서입니다.

입체주의 미술을 실험하던 시절 피카소는 프랭세라는 아마추어 과학자와 절친한 사이였어요. 프랭세는 비록 과학자는 아니었지만 '입체파 수학자'라는 애칭으로 불릴 만큼 과학적 지식이 풍부했어요. 당시 프랭세는 프랑스 과학자인 푸앵카레가 쓴『과학과 가설』이라는 책에 푹 빠져 있었어요. 이 책에는 유클리드 공간 이외 또 다른 공간들이 존재한다는 혁명적인 과학 이론이 담겨 있었거든요.

프랭세는 2,000년 동안 절대적인 진리로 군림했던 유클리드 기하학에 도전장을 던진 비유클리드 기하학 이론이 담긴 책을 처음 접한 순간 큰 충격을 받았어요. 자신이 독학으로 터득한 혁신적인 과학 이론을 피카소를 비롯한 전위 예술가들에게 알리고 싶은 충동을 억누를 수 없었어요. 프랭세는 평소 가깝게 지내는 예술가들에게 충격적인 과학 이론을 알렸습니다. 프랭세가 전한 푸앵카레의 혁명적인 이론은 지적 호기심이 강했던 피카소의 영감을 자극했어요. 피카소는 새로운 과학 이론을 자양분 삼아 입체주의 미술을 활짝 꽃피웁니다. 물론 프랭세 외에도 아인슈타인의 상대성 이론과 사진술, 당시 과학을 숭배하는 사회 분위기도 피카소에게 많은 영향을 끼쳤어요. 예를 들면 당시 프랑스에서 발간된 대중 잡지에 피카소의 입체주의 그림을 쏙 빼닮은 캐리커처가 실릴 정도였으니까요.

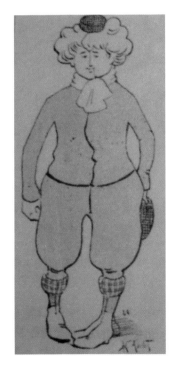

대중 잡지 《르 리르》에 실린 이중 노출의 캐리커처입니다. 어때요, 사람의 옆모습과 앞모습을 동시에 표현하고 있지요? 과학 전문지가 아닌 대중 잡지에 사진의 다중 노출을 이용한 장난스런 캐리커처가 실렸다는 사실은 당시 유럽 대중들이 과학에 대한 관심이 무척 높았다는 사실을 증명합니다. 참, 입체주의 미술과 과학이 밀접한 관련이 있음을 증명하는 또 하나의 사례가 있어요. 입체주의를 지지했던 시인 아폴리네르는 입체주의는 4차원 미술이라고 공개적으로 선언했어요. 아폴리네르는 4차원 세계에서는 입체주의 미술

《르 리르》에 실린 이중 노출의 캐리커처

 장 메쟁체 | 〈티타임〉 | 1911 | 패널에 유채

처럼 물체의 모든 면을 볼 수 있다고 주장했습니다.

　그럼 피카소의 입체주의 그림을 더욱 확실하게 이해하도록 또 다른 입체주의 그림을 감상할까요? 피카소와 함께 입체주의 미술을 주도했던 장 메쟁체의 〈티타임〉이라는 그림(p. 121)입니다.

　이 초상화는 찻숟가락으로 찻물을 한 모금 떠서 맛보는 여인을 묘사하고 있어요. 그런데 컵을 보세요. 컵은 옆에서 본 형태와 위에서 내려다본 형태를 동시에 표현하고 있어요. 또 여인의 얼굴도 옆모습이면서 앞모습입니다. 어때요, 친구들, 두 개의 시점에서 대상을 관찰하니까 그리고자 한 대상의 모습을 좀더 정확하게 이해할 수 있지요? 만일 컵을 한 각도에서 바라본다고 가정해보세요? 어떤 현상이 벌어질까요? 위에서 내려다본 사람은 컵의 형태가 둥글다고 말할 것이며 옆에서 바라본 사람은 사다리꼴 형태라고 말하겠지요. 물론 두 사람은 자신의 눈에 보이는 대로 말한 것이지만 결과적으로 컵의 진짜 형태는 보지 않은 셈이 되었어요. 자, 이제 피카소가 마야를 왜 괴물처럼 표현했는지에 관한 궁금증이 풀렸어요. 피카소는 진실을 그리기 위해 여러 시점에서 관찰한 인체를 한 화면에 결합한 것입니다.

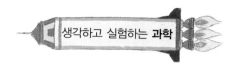
과학의 피카소, 홀로그래피의 마법!

피카소는 전혀 새로운 방법으로 3차원 공간을 2차원 평면 위에 나타냈습니다. 그래서일까요? 남들이 생각하지 못하는 기발한 방법으로 작품을 제작한 그에게 사람들은 천재 화가라는 꼬리표를 붙여주었어요. 하지만 과학자들은 사물의 모습을 괴상하게 바꾸지 않고도 3차원 입체를 기록하는 방법을 알아냈답니다. 바로 홀로그래피라고 하는 기술이지요.

홀로그래피의 원리는 1947년 영국의 과학자 데니스 게이버가 처음 생각해냈어요. 하지만 당시는 홀로그래피를 만드는 데 적당한 빛을 얻을 수 없었습니다. 그 후 레이저가 발명되면서, 미국의 레이스가 이를 이용한 홀로그래피를 처음 성공시킨 것이지요. 연이어 새로운 형태의 홀로그래피가 속속 발표되었고, 또한 이를 응용한 신기술들이 개발되었습니다. 오늘날 신용카드부터 정보 기록 장치에 이르는 다양한 영역

에서 이 기술들이 골고루 이용되고 있어요.

　도대체 홀로그래피에 무슨 마법이라도 숨어 있는 것일까요? 내친김에 잠깐 그 원리를 살펴보도록 해요. 레이저같이 한 가지 파장으로만 이루어진 특별한 빛을 물체에 보내면 물체를 이루는 점들은 나름대로의 독특한 산란을 일으킵니다. 홀로그래피는 물체에 보내진 원래의 빛과 물체에서 산란된 빛을 동시에 기록하는 장치입니다. 보통 사진은 물체로부터 나온 빛의 세기를 기록하기 때문에 사진이 찍힌 필름을 보면 물체의 모양을 알 수 있지요. 하지만 홀로그래피로 찍은 사진을 보면 그저 줄무늬만 여러 줄 촘촘히 나 있을 뿐이랍니다. 즉 홀로그래피 사진에는 처음 비친, 다시 말해 기준이 되는 빛과 물체로부터 산란된 빛이 합쳐져서 만들어진 줄무늬만 기록될 뿐이지요.

막연히 설명하면 어렵다고 손사래를 치는 친구들이 있을 것 같으니 예를 들어 설명해보겠습니다. 비 오는 날의 물웅덩이를 보면 각각의 빗방울로 만들어진 동심원들이 서로 합쳐져 새로운 무늬가 만들어지는 것을 발견할 수 있어요. 이때의 상황을 보통 사진으로 본다면 왼쪽의 물웅덩이와 비슷한 이미지일 것입니다. 그럼 홀로그래피 사진을 이용해 이 상황을 본다면 어떻게 될까요? 홀로그래피 사진에 처음 비춰준 빛을 보내면 홀로그래피 사진을 지난 빛이 다시 모여서 처음 물체의 모습을 만들게 됩니다. 이때 생기는 물체의 모습은 실제 물체의 위치에 빛이 모여서 만들어진 것이기 때문에 이리저리 방향을 바꾸면서 실제의 모습을 보는 것과 마찬가지로 다양한 모습으로 바뀌면서 나타나게 됩니다. 처음에는 홀로그래피가 한 색의 빛만 사용해 만들었기 때문에 한 가지 색의 상만 만들 수 있었어요. 하지만 이제는 컬러 홀로그래피도

> 각각의 빗방울로 만들어진 동심원들은 서로 합쳐져 새로운 무늬를 만들게 돼요.

충분히 가능해졌답니다.

홀로그래피를 이용한 기기나 물건들이 주변에서 흔한 것 같지 않지만 실상 그 원리를 응용한 것들이 더러 있어요. 간단한 예로 신용카드나 인증서, 고액 화폐 등을 들 수 있어요. 여기에 홀로그램을 붙이면 복사나 위조가 어려워지기 때문이지요. 이때 신용카드에 붙어 있는 홀로그램은 반사형으로서 레이저 대신 자연광을 사용합니다. 물론 만들 때는 레이저를 사용해야 하고 다만 볼 때 자연광도 가능하다는 의미지요.

홀로그램의 쓰임 연구가 매우 활발한 곳은 정보 저장 장치 분야입니

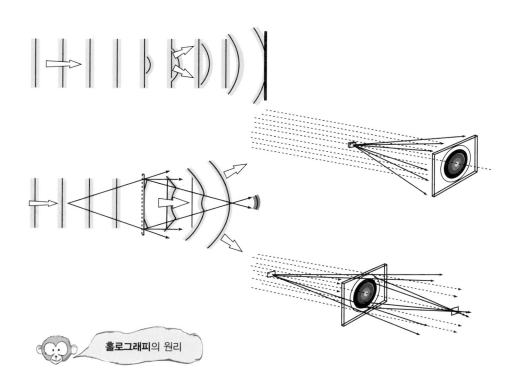

홀로그래피의 원리

다. 홀로그램의 원리를 이용해 정보를 저장하는 장치를 만들면 현재보다 더 많은 양을 저장할 수 있고 자료를 다시 불러들이는 시간도 아주 짧아진다고 하지요. 아직 더 많은 연구가 필요한 분야이니 나중에 우리 친구들이 한번 도전해보면 어떨까요?

과학이 보이네

편광 마술 상자 만들기

짜잔~ 친구들, 선글라스를 쓰면 괜스레 멋져 보이죠? 그냥 어둡게 보이는 것만 같은 선글라스. 하지만 여기에는 놀라운 과학이 숨어 있답니다.

이번에는 '편광'의 과학으로 마치 마술사처럼 벽을 만들어 그 벽을 멋지게 통과하는 편광 마술 상자를 만들어보도록 해요.

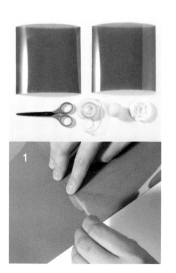

준비물 편광판(20cm×20cm, 2장), 낚싯줄, 탁구공, 가위, 투명 테이프

만들기

1. 편광판 두 장을, 서로 수직인 엇갈린 상태에서 투명 테이프로 붙이세요.

2. 붙인 편광판을 둥글게 원통으로 만들어 다시 투명 테이프로 고정하세요.

3. 편광 원통을 세우고 낚싯줄을 써서 탁구공을 매

다세요. 이때 편광판이 만든 어두운 부분(마치 딱딱한
면처럼 느껴지는)에 탁구공이 올려진 것처럼 매달아놓
으세요.

　조금 떨어져서 원통을 보면 마치 탁구공을
원통 중심에 올려놓은 것처럼 보입니다.
　이제 친구들 앞에서 마술을 보여줄 순서
가 되었습니다. 동전이나 막대 등을 준
비해 원통에 휙휙 넣어보세요. 어라,
동전이나 막대가 원통 속의 면을 통과해버
리잖아요? 아주 간단한 과학 원리를 이용한
마술인 셈이지요.

위 편광판이 서로 나란한 경우
아래 편광판이 서로 수직인 경우

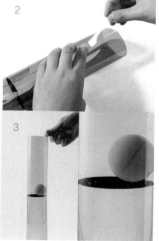

원통을 통과하는 **동전**과 **막대**

자, 이제 마술에 숨은 과학 원리를 배워볼 순서입니다. 빛은 출렁거리면서 나아가는데 보통 모든 방향으로 출렁거리지요. 그런데 편광판을 지나면 한쪽 방향의 빛만 통과하게 됩니다. 두 장의 편광판을 서로 엇갈린 상태에서 연결하여 원통을 만들면 가운데에 빛이 전혀 통과하지 않는 부분이 생겨 마치 면이 생긴 것처럼 어두워 보이지요. 원통 속의 면을 통과하는 물체에 숨은 비밀은 바로 여기에 있었던 것입니다.

산란된 빛도 일부 편광되기 때문에 편광판을 들고 회전시키면서 하늘을 보면 밝기가 달라지는 것을 관찰할 수 있답니다.

편광판의 원리

명화 쏙쏙
과학 쏙쏙 8

수수께끼 그림의
창조자 마그리트

르네 마그리트 | 〈거울 공장〉 | 1939 | 캔버스에 유채

도대체 이게 앞모습이에요, 뒷모습이에요?

단비야, 너도 혹가
마그리트처럼
엉뚱한 곳에 얼굴을 그렸구나.

많은 과학자들은 피카소의 입체주의 그림에 큰 흥미를 느낍니다. 피카소가 과학에 심취했다는 사실을 알게 되면 더더욱 관심을 기울이지요. 심지어 그의 입체주의 그림을 가리켜 아인슈타인의 상대성 이론과 푸앵카레의 비유클리드 이론을 담았다, 또는 4차원적 세계가 연상된다는 얘기도 합니다.

이번에 소개할 마그리트 역시 과학자들이 무척 좋

아하는 화가입니다. 그의 그림은 과학적인 호기심을 자극하고 탐구심을 불러일으킨다고 극찬을 해요. 왜 그런지 그림(p. 133)을 감상하면 의문이 풀릴 거예요.

　화면에 양복을 입은 남자의 뒷모습이 보여요. 남자는 뒤돌아선 채 텅 빈 공간을 응시합니다. 그런데 남자의 뒤통수에 난데없는 얼굴이 나타났어요. 앞에 있어야 마땅할 얼굴이 뒤통수에 붙었어요. 어떻게 이런 황당한 일이 벌어질 수 있을까요?

　먼저 화가의 입장에서 그림을 해석해보겠어요. 마그리트는 수수께끼 같은 그림을 그린 화가로 유명해요. 예를 들면 생물과 무생물의 경계를 흐리게 해서 관객들을 놀라게 하고, 전혀 관련이 없는 사물들을 결합해서 사람들을 혼란에 빠뜨리고, 친숙하고 익숙한 사물들을 낯설게 만들어 두려움을 느끼도록 조작해요.

　마그리트는 왜 이런 장난을 치는 것일까요? 사람들이 추호도 의심하지 않는 절대 가치에 질문을 던지기 위해서입니다. 대다수의 관객들은 마그리트의 그림을 대하면 당혹감을 느껴요. 마음이 혼란스러워지면서 왜 이런 현상이 발생할까 곰곰이 생각하게 돼요. 그런 과정에서 자연스럽게 사고력이 생깁니다. 즉 마그리트가 익숙한 사물을 낯설게 만들어 끊임없이 질문을 유도하는 것은 사고의 힘을 기르기 위해서입니다. 마그리트는 사람들이 감정적인 충격을 받으면 졸고 있던 정신이

번쩍 깨어난다는 사실을 알고 있어요. 그는 잠든 사람들의 의식을 깨우고 경직된 사고를 유연하게 만들기 위해 알쏭달쏭한 그림을 그리는 것이지요.

이 그림 역시 내부와 외부의 경계를 파괴하고, 전혀 상반된 요소들을 통합하며, 하나의 사물이 두 개일 수도 있다는 마그리트의 생각을 거울처럼 반영하고 있어요. 뒤통수가 얼굴인 그림 속 남자는 우리의 지식과 상식을 파괴하고 혼란에 빠뜨려요.

뒷모습은 뒤에, 앞모습은 앞에 있어야 당연한데 그림은 이런 논리적인 생각을 거부해요. 당연히 관객은 자신의 지각 능력을 의심하게 돼요. 생각해보세요, 뒷모습이 앞모습이 되었으니 얼마나 불안하겠어요? 사람들은 불안감에 시달리다 못해 혹 내 지각 능력에 문제가 있는 것은 아닐까, 과연 내 생각이 옳은가, 또 내가 믿고 있는 것은 진실일까 등등의 질문을 끊임없이 자신에게 던지게 됩니다.

이처럼 마그리트의 그림은 고정되고 절대적인 것, 상식적인 것을 거부해요. 그리고 비록 비합리적이지만 우리의 상상력을 무한정 자극합니다. 마그리트는 그림을 통해 이런 깨달음을 주는 것을 예술가의 사명으로 여깁니다. 모든 것은 상대적이고 역동적이며 변화한다고 믿으니까요.

　지금까지 역설의 대가로 불리는 마그리트의 그림을 미술가의 입장에서 살펴보았는데요, 이번에는 과학적 관점에서 이 그림을 해석해보겠어요. 뒷모습과 앞모습이 하나인 그림은 아인슈타인의 상대성 이론을 그림처럼 보여주고 있어요. 아인슈타인은 상대성 이론에서 시간과 공간은 상대적이라고 주장했어요. 시간이 늘어나면 반대로 공간의 길이는 수축된다는 것입니다. 예를 들면 여행자의 속도가 빛의 속도에 가까워지면 주위의 바깥 공간은 반대로 얇아집니다. 따라서 광속에서의 공간은 평평해져요. 그러면 어떤 현상이 벌어질까요? 대상의 앞면에서 뒷면이 보이는 것이 얼마든지 가능해집니다. 즉 여행자의 몸체가 압축되면서 뒷머리가 보이게 되지요. 따라서 이 그림은 시공 수축이라는 어려운 물리학 개념의 이해를 돕는 데 유용합니다.

화가와 과학자의 입장에서 그림을 해석하다 보니 저자인 저도 그림을 설명하고 싶은 충동이 생겼어요. 그래서 이런 해석을 해봅니다. 사람들은 정면을 가장 중요하게 생각해요. 인간이 가장 소중하게 여기는 얼굴이 바로 앞모습에 있기 때문이지요. 또 앞에서 보면 상대의 얼굴뿐 아니라 손짓 발짓까지 다 볼 수 있기 때문에 상대의 표정과 자세를 보면서 무슨 생각을 하는지 추측할 수 있어요. 이런 앞모습의 중요성 때문에 사람들은 상대적으로 뒷모습에 관심을 두지 않아요. 그러나 냉대 받는 뒷모습이 가장 정직할 수 있어요. 왜냐하면 얼굴은 꾸밀 수 있지만 뒷모습은 거짓말을 할 줄 모르기 때문입니다. 앞모습은 위선과 거짓, 가짜 기쁨을 연출할 수 있지만 뒷모습은 진실을 말합니다. 혹 마그리트는 뒷모습이 진짜 얼굴이라는 것을 말하기 위해 뒤통수가 얼굴인 그림을 그린 것은 아닐까요?

생각하고 실험하는 **과학**

우리가 알지 못하는 차원이 있어요!

　이미 과학자와 예술가는 서로 닮은점이 많다는 이야기를 했어요. 모두 뜨거운 열정과 치밀한 관찰력을 소유한 사람들이니까요. 그러나 위대한 예술가나 과학자가 되기에는 이 두 가지만으로는 2퍼센트가 부족합니다. 그 나머지가 뭐냐고요? 바로 창의력입니다. 역사적으로 이름을 남긴 대부분의 인물들은 남들이 하지 않은 새로운 방법을 개척해서 그 이름을 남길 수 있었어요. 화가 마그리트만 봐도 그렇지 않나요? 사람의 얼굴과 뒷모습을 한꺼번에 그려 2차원 평면 위에 3차원 공간을 나타냈으니까요. 이 그림을 보면 물리학을 공부하는 사람들은 아인슈타인의 상대성 이론을 먼저 떠올린다고 합니다. 빛의 속력과 비교할 만큼 아주 빠르게 운동하면서 사물을 보면 사물의 모습이 평소와는 다르게 보인다고 하는군요.

1차원의 **직선**

그럼 여기서 말하는 2차원이니 3차원이니 하는 말은 무슨 뜻일까요? 어려울 것 같아 미리 인상을 찌푸리는 친구들이 있겠지만 여기서는 차원에 대해 생각해보기로 해요. 간단히 도형과 연결 지어 생각하면 이해하기가 더 쉬워요. 즉 0차원은 점, 1차원은 직선, 2차원은 평면, 3차원은 입체를 나타냅니다. 차원은 위치를 나타내는 데 필요한 '좌표축의 수'라고 할 수 있어요. 점의 위치는 언제나 정해져 있기 때문에 따로 좌표축이 필요하지 않습니다. 그래서 0차원이라고 할 수 있습니다. 이번에는 직선입니다. 수직선을 생각해보

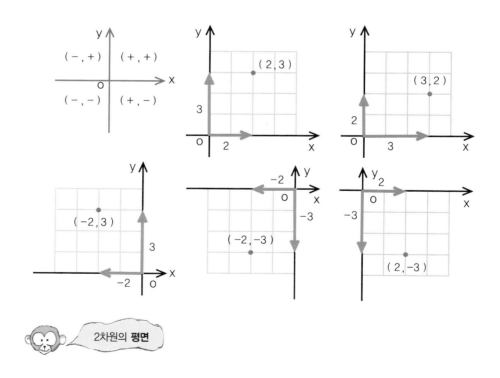

2차원의 **평면**

세요. 이 직선 위의 점을 나타내기 위해서는 한 가지 숫자만 있으면 됩니다. 그렇기 때문에 직선은 1차원이라고 하는 것이지요.

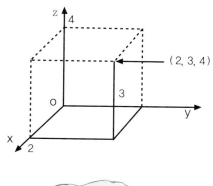

3차원의 공간

그럼 평면 위의 점을 나타내려면 몇 개의 값이 필요할까요? 네, 당연히 두 개가 필요하겠지요. 가로축과 세로축의 값이 있으면 모든 점을 다 나타낼 수 있으니까요. 그래서 평면을 2차원이라고 부르는 것입니다.

이번에는 우리가 살고 있는 공간입니다. 공간에서 위치를 나타내려면 세 개의 값이 필요합니다. 가로축, 세로축 값에 높이가 더 주어져야 하는 것이지요. 그래서 공간을 3차원이라고 하는 것입니다.

아직까지도 잘 이해되지 않는다면 탈것과 차원을 연관시켜 생각해 보면 더 쉬울 수 있겠어요. 기차는 직선을 따라 전진하고 후진하기 때문에 1차원, 자동차는 평면에서만 다닐 수 있으므로 2차원이라고 할 수 있습니다. 그럼 3차원에 해당하는 탈것에는 무엇이 있을까요? 맞아요, 바로 비행기가 있습니다. 비행기는 마음대로 움직일 수 있기 때문에 3차원의 탈것이겠지요.

그럼 4차원이란 무엇일까요? 흔히들 '공간'에 '시간'을 더해 4차원을 이야기합니다. 4차원은 친구들이 쉽게 생각하기 어려우니 한 단계씩 차원을 낮춰 생각해보도록 해요.

평면 세계의 도형들은 2차원만 알고 공간의 존재를 전혀 알 수가 없어요. 그러던 어느 날 학교에 가던 네모가 이상한 것을 보게 되었답니다. 갑자기 한 점이 생기더니 점점 그 점이 커지는 것이었어요. 그렇게 커지던 점은 다시 작아지더니 어느새 온데간데없이 사라져버리는 것이 아니겠어요? 학교에 도착해 네모는 그날 자신이 겪은 일을 선생님께 이야기했습니다. 그러나 선생님도 어떻게 그러한 일이 생겼는지 설명할 수 없었답니다.

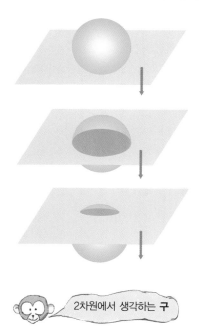

2차원에서 생각하는 **구**

친구들은 평면 세계에 무슨 일이 일어났는지 설명할 수 있겠지요? 다름이 아닌, 구가 평면 세계를 통과하고 지나갔던 것이지요. 단지 평면에 나타난 모습만 볼 수 있는 도형들에게 이 현상은 도무지 이해할 수 없는 것이었지요.

같은 상황을 한 차원을 높여 생각해볼 수 있습니다. 조금 머리가 아플 수 있겠지만 차근차근 따져보면 그렇게 어려운 이야기도 아닙니다. 우리는 매 순간 현재에 있으며 현재만 볼 수 있습니다. 그런데 과거, 현재, 미래를 마음대로 볼 수 있고 시간을 거슬러 여행하는 사람이 있다고 생각해보세요. 만약 이 사람이 친구들을 만나 이야기를 나누다가 갑자기 어제나 내일로 옮겨간다면, 친구들은 이 사람이 사라졌다고 신기하게 생각할 것이 틀림없잖아요.

《X파일》 같은 공상과학 영화를 보면 오늘날의 과학으로 설명하기 어려운 불가사의한 4차원을 많이 다룹니다. 4차원의 세계에 의문을 갖고 신비하게 바라보는 것이지요. 인간의 상상을 넘어선 일들이 벌어지는 4차원은 어떤 곳일까요? 또한 4차원의 세계로 가는 방법이 있을까요? 이러한 궁금증은 평면 세계 사람들이 겪는 것과 같을지도 모릅니다. 혹 우리는 4차원의 일부로 4차원 공간 안에 존재하지만 단지 '4차원의 눈'을 갖지 못해 그 차원을 이해하지 못하는 것은 아닐까요?

시어핀스키 삼각형과 피라미드 만들기

친구들은 이제 0차원, 1차원, 2차원, 3차원에 대해 잘 알았어요. 하지만 1.58차원이 있다고 하면 어떤 표정을 지을지 궁금하군요. 다음 실험을 통해 정말 1.58차원이 있는지 직접 확인해보겠습니다.

시어핀스키 삼각형 만들기

1. 먼저 색종이를 오려 정삼각형을 만드세요.

2. 각 변의 중점을 이어 정삼각형을 네 등분하고 가운데 삼각형은 버리세요.

3. 나머지 세 개의 삼각형도 같은 방법으로 삼각형을 버리세요.

4. 1~3과 같은 방법을 무한히 반복해 얻어지는 도형이 바로 '시어핀스키 삼각형'
   입니다.

시어핀스키 삼각형

친구들도 5단계의 시어핀스키 삼각형에 한번 도전해보세요.

정사면체는 네 개의 정삼각형으로 이루어져 있어요. 여기서 각각의 정삼각형에 시어핀스키 삼각형을 만드는 규칙을 적용하면 '시어핀스키 피라미드'가 됩니다.

시어핀스키 피라미드 만들기

1. 종이를 접거나 길이가 같은 막대를 연결해 0단계 정사면체를 만드세요.
2. 0단계 정사면체 네 개를 가운데가 비도록 연결하여 1단계 시어핀스키 피라미드를 만드세요.
3. 같은 방법으로 2단계(1단계 4개 연결), 3단계(2단계 4개 연결), 4단계(3단계 4개 연결), 5단계(4단계 4개 연결)까지의 시어핀스키 피라미드를 만드세요.

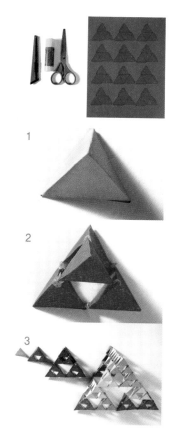

앞에서 1.58차원이 있다고 설명했는데요, 바로 시어핀스키 삼각형이 1.58차원입니다. 앞에서 우리는 1, 2, 3차원 등 정수로 된 차

원만 다루었지요. 하지만 소수로 된 차원도 생각해볼 수 있습니다. 차원의 뜻만 다시 정하면 얼마든지 가능한 일입니다.

먼저 1차원 선분을 생각해봅시다. 이를 이등분하면 두 개의 선분이 됩니다.

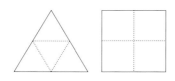

2차원 삼각형과 사각형의 경우에는 각 변을 이등분하여 도형을 만들면 네 개의 닮은 도형이 생깁니다.

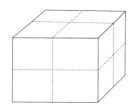

이번에는 3차원 직육면체입니다. 각 모서리를 절반으로 나누어 도형을 만들면 8개의 닮은꼴 직육면체가 생깁니다.

위 각 변을 이등분해 만든 2차원의 삼각형과 사각형
아래 모서리를 이등분해 만든 3차원의 직육면체

이제 이 관계를 식으로 나타낼 수 있습니다.

1차원: $2^1 = 2$

2차원: $2^2 = 4$

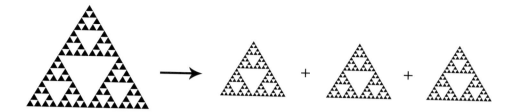

시어핀스키 삼각형

3차원: $2^3=8$

즉 2의 지수가 차원에 해당하는 값이 되는 것이지요. 이제 이 관계를 시어핀스키 삼각형에 적용해봅시다.

각 변을 이등분하여 도형을 만들면 세 개의 시어핀스키 삼각형이 나옵니다. 이를 식으로 나타내면 어떻게 될까요? $2^{1.58}=3$이 됩니다.

그래서 시어핀스키 삼각형을 1. 58차원이라 하는 것이지요. 그럼 시어핀스키 피라미드는 몇 차원일까요? 친구들이 곰곰이 생각해보세요.

답

시어핀스키 피라미드의 각 변을 이등분하여 도형을 만들면 같은 모양이 네 개 나옵니다. 앞에서 같은 모양 네 개를 붙여가며 시어핀스키 피라미드를 만들었던 것을 생각해보세요. 이 관계를 지수를 이용하여 나타내면 $2^2 = 4$가 됩니다.

이처럼 2의 지수가 2가 되기 때문에 시어핀스키 피라미드는 2차원이라고 할 수 있습니다. 3차원이 아니란 점이 이상하다고요? 차원에 대한 새 규칙에 따라 2차원이 되었다는 의미입니다. 가로 세로 높이가 있는 입체 모양이라는 점에서 보면 당연히 3차원 도형이라고 할 수 있겠지요.

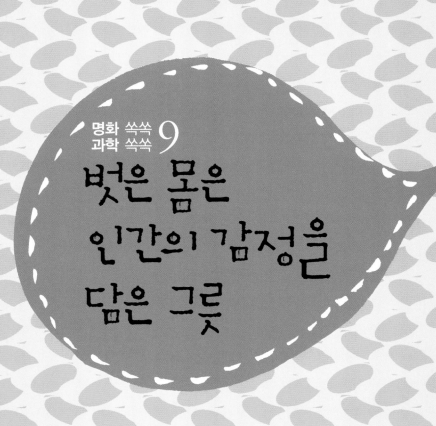

명화 쏙쏙
과학 쏙쏙 9

벗은 몸은
인간의 감정을
담은 그릇

 미켈란젤로 | 〈**최후의 심판**〉 | 1536~41 | 벽화

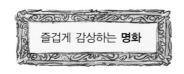

최후의 심판날은 어떤 모습일까요?

미술과 과학을 결합한 명화들을 감상하다 보니 어느덧 헤어질 시간이 되었어요. 어때요, 친구들도 이제 미술에 대한 안목이 상당히 높아졌지요? 미술 사랑을 권장하는 의미에서 이번에는 세계 최고의 걸작으로 손꼽히는 미켈란젤로의 작품을 작별 인사로 감상하는 순서를 마련했어요.

이 그림(p. 153)은 세계적인 관광 명소인 바티칸 시스티나 소성당 제단 뒤에 있는 벽면에 그려진 벽화입니다. 미켈란젤로는 예배당 벽화에 최후의 심판 장면을 묘사했어요. '최후의 심판'이란 말 그대로 세상 마지막 날, 인간의 영혼이 생전에 행한 업적에 따라 예수의 심판을 받는 것을 뜻해요. 생전에 착한 일을 한 사람은 천국에서 영생을 얻고 나쁜 짓을 한 사람은 지옥에 떨어져 영원한 벌을 받아요. 영혼들이 이승에서 행한 업적에 의해 하늘나라 법정에서 피고가 되어 심판관인 신으로부터 판결을 받는 것이지요. 최후의 심판은 그리스도교 신앙의 핵심을 담고 있어요. 따라서 많은 화가들이 상상력을 발휘해서 최후의 심판 장면을 그림에 옮겼습니다.

이 그림을 조각가인 미켈란젤로에게 의뢰한 사람은 교황 클레멘스 7세입니다. 교황은 미켈란젤로를 천재 중의 천재로 여겼어요. 미켈란젤로의 재능을 높이 산 나머지 조각가인 그에게 벽화를 주문한 것이지요. 그런데 왜 하필이면 사람들이 죽은 후에 신의 법정에서 심판을 받는 무서운 장면을 그리게 한 것일까요? 당시 로마 가톨릭이 위기에 처해 있었기 때문입니다. 그 시절 가톨릭 교회는 하늘을 찌르던 막강한 위세가 무참히 꺾인 상태였어요. 루터의 종교 개혁으로 인해 교회가 가톨릭과 프로테스탄트로 분리되어 진통을 겪고 있었기 때문입니다.

로마 가톨릭은 세상을 쥐락펴락하던 교회의 영광을 되살리고 싶었어요. 신앙심이 사라진 신도들에게 하느님의 막강한 힘을 상기시키고 죄에 대한 경각심을 불러일으키고 싶었어요. 그래서 당대 최고의 예술가인 미켈란젤로에게 기념비적인 거대한 벽화를 주문한 것이지요. 그럼 최후의 심판에 그려진 내용을 자세히 살펴볼까요?

화면(p. 156)에 하늘을 연상시키는 군청색 배경이 펼쳐졌어요. 그림

맨 위쪽의 천사들은 예수가 수난당한 도구를 운반하고 있어요. 화면 중앙에는 예수가 영혼들을 심판하기 위해 하늘에서 내려옵니다. 심판관인 예수는 오른팔을 들어 영혼의 법정에 선 피고인들이 진실한 영혼인가 혹은 거짓된 영혼인가를 판결합니다. 한편 예수 곁의 성모마리아는 죄지은 영혼들의 형량을 낮추어달라고 아들에게 간청합니다. 또 예수 양옆에서는 성인들이 다양한 자세를 취하고 있어요.

이 성인들은 세례자 요한과 12사도를 비롯한 성인 성녀들인데 각각 자신이 순교 당할 때의 도구를 들고 있어요. 성인들이 자신과 관련된 상징물을 들고 있어 그들의 신분을 한눈에 알 수 있습니다. 예를 들면 성 안드레아는 십자가를, 성 로렌조는 철석쇠를, 성 세바스티아노는 화살을, 성녀 카타리나는 바퀴를, 산 채로 살갗이 벗겨진 순교를 당한 성자 바르톨로메오는 한손에 자신의 벗겨진 살가죽을, 다른 손은 칼을 든 모습으로 그려졌거든요.

그런데 흥미로운 것은 미켈란젤로가 성자의 벗겨진 살가죽에 자화상을 그려넣은 점입니다. 정말 끔찍한 일이 아닐 수 없어요. 당연히 왜 그랬을까 하는 갖가지 추측이 나왔어요. 혹 미켈란젤로의 장난기가 발동한 것일까, 죄악에 물든 자신을 반성하기 위해서일까, 순교자처럼 강한

〈최후의 심판〉의 구도

신앙심을 갖고 싶다는 표현일까 등등 여러 가지 가설이 나왔어요. 하지만 정답은 없기

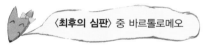
〈최후의 심판〉 중 바르톨로메오

에 아직 수수께끼로 남아 있어요.

그럼 다시 그림(p. 156)을 살펴보겠어요. 예수의 발치 아래에는 천사들이 최후의 심판날 예수의 재림을 알리는 나팔을 불고 있어요. 천사들 중에서 두 천사는 심판 받을 영혼의 이름이 적힌 책을 들었어요. 그런데 천국행 명단이 적힌 책은 두께가 얇은 반면 지옥행 명단이 담긴 책은 크고 두꺼워요. 이것은 무엇을 의미할까요? 그만큼 죄를 지은 사람들이 많다는 뜻이지요.

한편 천사들 왼편에는 천국으로 올라가는 영혼이, 오른편에는 지옥으로 떨어지는 영혼들이 보여요. 이 영혼들은 생전의 선행과 악행에 따라서 심판을 받은 다음 각각 구원받은 영혼과 저주받은 영혼으로 나뉘어 천국행과 지옥행이 결정됩니다.

과연 천재 미켈란젤로가 아니라면 이처럼 거대한 화면 구성을 할 수 있었을까요? 불가능해요. 미켈란젤로는 성서를 열심히 연구한 후 성서의 내용에 자신의 상상력을 결합해 그 누구도 따를 수 없는 최후의 심판의 명장면을 창조했기 때문이지요.

하지만 최후의 심판은 세기의 걸작임에도 불구하고 1541년 작품이 공개되기가 무섭게 맹렬한 비난을 받았어요. 신성한 교황의 성당에 전혀 어울리지 않는 불경스러운 그림이라는 비난이 빗발쳤어요. 사람들이 그토록 비난을 퍼부은 것은 미켈란젤로가 예수와 성모마리아를 제외한 사람들을 나체로 표현했기 때문입니다.

시스티나는 바티칸에서 가장 중요한 예배당입니다. 게다가 벽화는 미사를 드릴 때 신도들의 눈에 가장 잘 보이는 위치인 교회당 앞쪽에 그려졌어요. 신성한 성당에 그것도 신도들의 눈에 잘 띄는 자리에 나체를 그렸다는 사실에 사람들은 큰 충격을 받았어요. 분노한 사람들은 목욕탕에서 헤엄치는 벌거숭이를 그린 외설스러운 그림이라는 등 차마 입에

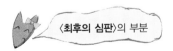
〈최후의 심판〉의 부분

담지 못할 험담을 퍼부었습니다.

시간이 흐를수록 비난은 점점 거세졌어요. 마침내 교황 파울루스 4세 시절에는 벽화 전체를 파괴하자는 의견까지 나왔어요. 빗발치는 여론에 시달리다 지친 교황은 결국 미켈란젤로의 그림을 수정할 것을 결정합니다. 성자들의 벗은 몸에 옷을 입히라는 명령이 내려졌으며 덧칠하는 작업은 미켈란젤로의 수제자인 다니엘라 다 볼테라에게 맡겨졌어요.

천만다행인 것은 미켈란젤로가 그림을 덧칠하기 직전 90세로 세상을 떠난 것입니다. 그처럼 자부심이 강한 미켈란젤로가 자신의 그림이 덧칠 당하는 수모를 겪지 않고 눈을 감은 것은 얼마나 다행한 일인지요.

그런데 친구들은 궁금증이 생길 거예요. 왜 미켈란젤로는 성인들을 벌거벗은 상태로 묘사한 것일까요? 성자들을 나체로 표현한 것은 인간의 고통과 비통함을 강조하기 위해서입니다. 사실 두려움이나 공포, 환희 등 인간의 감정을 그림에 표현하기란 무척 어려워요. 하지만 방법이 있어요. 감정은 육체에 즉각 나타나거든요. 표정이나 몸동작, 자세를 통해 확연하게 드러납니다. 천재인 미켈란젤로는 인간의 감정을 육체를 통해 표현할 수 있다는 사실을 깨달았어요. 육체 중에서도 나체가 가장 강렬한 감정의 언어라고 생각했어요.

그래서 신성한 성인들의 옷을 벗긴 것이지요.

벌거벗은 육체를 통해 가장 강렬한 감정을 전달한 이 천재에게 16세기 미술사가인 바사리는 다음과 같은 찬사를 바쳤어요. "그림을 볼 줄 아는 사람이라면 누구든 미켈란젤로가 그린 인물들의 표정과 감정 속에서 다른 사람이라면 결코 표현할 수 없는 장엄하고도 고귀한 예술적 재능을 느낄 수 있을 것이다. 이러한 세부 묘사들은 미켈란젤로의 작품이 갖는 고귀한 힘을 드러내는데 그런 재능은 하늘이 그에게 내린 은총인 것이다."

인체에는 놀라운 과학 원리가 숨어 있어요!

친구들은 이제 르네상스 시대부터 화가들이 사물을 입체적으로 그리기 위해 원근법을 사용했다는 것을 알았어요. 하지만 그림에서 사실감을 강조하기 위해서 필요한 것이 하나 더 있어요. 그것은 바로 해부학입니다. 해부라고 하니 '화가들이 생명체의 몸 안을 그리는 것도 아닌데 왜 해부학이 필요할까?' 하고 고개를 갸우뚱거리는 친구들도 있을 거예요. 하지만 생명체를 실감나게 그리기 위해서는 그 속을 이루는 뼈대나 근육 등의 구조를 잘 이해하고 있어야만 가능합니다. 겉모습만 비슷하다고 사실감이 드러나는 것은 아닐 테니까요.

그런 점에서 미켈란젤로의 조각 〈다비드〉를 감상해보세요. 자신있게 어깨에 물맷돌을 메고 서서 골리앗을 노려보는 다비드는 금방이라도 친구들에게 고개를 돌릴 것만 같지 않나요? 특히 그의 팔뚝과 목의 힘줄에는 뜨거운 피가 흐르는 것처럼 생명력이 넘칩니다. 이처럼 살아 있는

 미켈란젤로 | 〈다비드〉 | 1504 | 대리석

듯 꿈틀대는 조각상이 가능했던 것은 바로 미켈란젤로가 해부학에 능통했기 때문이지요. 피부 아래 감추어진 뼈대나 근육, 힘줄, 핏줄 등 이 모든 것들을 하나하나 고려해 조각상을 완성했던 것입니다.

실제로 사람의 몸을 관찰하면 과학적으로 아주 정교하게 설계되었음을 알 수 있습니다. 손으로 물체를 들어올리는 동작에서도 과학의 원리를 찾을 수 있어요. 먼저 관절을 살펴봅시다. 뼈와 뼈가 맞닿아 미끄러지는 부분인 관절은 마찰을 최대한 줄일 수 있는 구조로 되어 있어요. 관절을 이루는 뼈는 대개 한쪽은 볼록하고 다른 한쪽은 오목하며, 뼈 끝부분은 연골이라는 부드럽고 탄성이 좋은 막으로 덮여 있습니다. 또 관절은 윤활막으로 감싸여 있으며 이 속의 윤활액이 관절의 움직임에 있어 윤활유의 역할을 한답니다. 연구에 따르면 이 윤활액은 인간이 만든 가장 좋은 윤활유보다도 10배나 더 미끄럽다고 하네요. 하지만 미끄러운 뼈들이 서로 부딪히면 떨어져나가지 않겠냐고요? 조물주는 이 점을 미리 간파하여 인대라는 탄력 좋고 질긴 줄로 뼈끼리 잘 연결해놓았어요. 탄력을 지닌 인대와 연골. 이것이 있기에 친구들은 자유롭게 관절을 움직여 축구나 농구를 할 수 있는 것이지요.

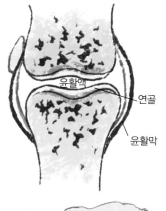

윤활액

연골

윤활막

관절의 구조

내친김에 팔의 움직임을 과학적으로 살펴보도록 해요. 다름아닌 지레의 원리를 이해할 수 있으니까요. 뼈와 관절이 각각 지렛대와 받침점 역할을 하고 근육의 수축이 힘을 가해 일을 하는 것이 바로 팔의 움직임입니다. 잘 이해가 되지 않는다고 울상짓는 친구들을 위해 지레에 대해 좀더 자세히 살펴보겠어요. 지레는 막대를 이용해 힘을 전달하는 도구입니다. 가하는 힘과 전달해서 나오는 힘의 위치 관계에 따라 크게 1종, 2종, 3종 지레로 나눕니다. 그림과 같이 1종과 2종 지레는 가해준 힘보다 나오는 힘이 더 큰 경우이고, 반대로 3종 지레는 나오는 힘보다 가해준 힘이 더 큰 경우입니다.

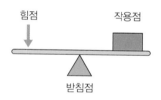

1종 지레
작용점을 기준으로 힘점과 받침점이 서로 반대 방향인 경우

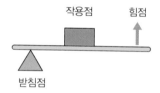

2종 지레
작용점을 기준으로 힘점과 받침점이 서로 같은 방향인 경우

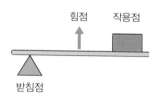

3종 지레
받침점에서 힘점까지의 길이가 받침점에서 작용점까지의 길이보다 짧아 더 큰 힘이 필요한 경우

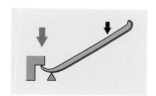

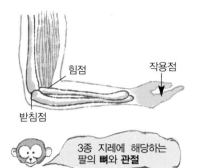

3종 지레에 해당하는
팔의 **뼈**와 **관절**

인체의 경우는 대부분이 3종 지레에 해당합니다. 경첩 역할을 하는 팔꿈치 관절이 받침점, 이두근이 연결되어 근육의 힘이 작용하는 곳이 힘점, 물체를 든 곳이 작용점에 해당하지요.

그림에서 팔꿈치에서 인대까지의 거리가 3센티미터이고 손바닥까지의 거리가 30센티미터라면 작용점까지의 길이가 힘점까지 길이의 10배이므로 가방을 들어올리려면 가방 무게의 10배에 해당하는 힘을 내야 합니다. 만일 가방을 팔꿈치에서 15센티미터인 곳에 걸쳐 든다면 작용점까지 길이가 앞에서보다 반으로 줄어드니 필요한 힘도 반으로 줄어들지요.

그럼 도대체 왜 우리 몸은 근육이 내는 힘의 10분의 1밖에 사용하지 않는, 힘에서 손해를 보는 구조로 되어 있을까요? 여기에 대한 답을 얻기 위해서는 움직이는 거리를 따져봐야만 합니다. 손을 10센티미터 들어올리기 위해서 근육은 1센티미터만 수축하면 됩니다. 근육이 조금만 움직여도 실제 팔다리는 많은 거리를 움직일 수 있는 것이지요. 이처럼 친구들이 행동할 때 발휘하는 힘은 근육이 가한 힘보다 훨씬 작지만 대신 속도에서 큰 이득을 얻고 있는 셈입니다. 만일 우리의 손발이 이런 구조를 갖

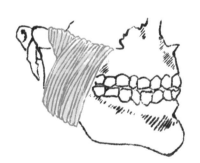

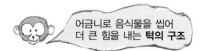

어금니로 음식물을 씹어
더 큰 힘을 내는 **턱의 구조**

고 있지 않다면 동작이 아주 둔한 동물이 되었을 겁니다.

음식을 먹는 경우도 같은 원리로 따져볼 수 있습니다. 앞니로 음식을 씹을 때보다 어금니로 씹을 때 더 큰 힘을 낼 수 있습니다. 근육이 안쪽에 있으므로 어금니가 앞니보다 작용점까지의 길이가 더 짧아집니다. 그 때문에 같은 근육의 힘을 쓰더라도 실제 내는 힘은 어금니의 경우가 훨씬 커지는 것이지요.

근육이 조금만 움직여도 우리의 팔다리는 많은 거리를 움직이죠.

과학이 보이네

잠자리의 안전 착륙

일단 실험을 하기 전에 이 실험과 관련된 간단한 과학 원리인 회전력을 배우기로 해요.

회전력과 균형의 원리

그림과 같은 지레에서 m_1은 시계 반대 방향으로 팔을 돌아가게 합니다. 반면 m_2는 시계 방향으로 팔을 돌게 하지요. 이처럼 물체를 회전시키려는 힘을 회전력이라고 합니다. 그림처럼 팔에 힘이 수직으로 작용하는 경우, 힘의 크기×팔의 길이가 회전력입니다.

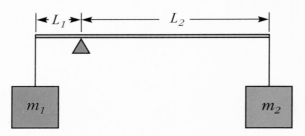

만약 시계 방향의 회전력과 반시계 방향의 회전력이 같으면 회전하지 않고 균형을 유지하게 됩니다. 그림에서 매단 물체의 무게를 각각 m_1, m_2라 할 때 어느 한쪽으로 기울어지지 않고 균형을 이룰 조건은 다음과 같습니다.

$$L_2 \times m_2 = L_1 \times m_1$$

자, 회전력과 균형의 원리를 이해했으니 이번에는 실험을 통해 다시 한 번 그 원리를 확인해보도록 해요.

준비물 종이, 연필, 가위, 풀

만들기

그림과 같이 종이 위에 잠자리 날개와 몸통, 꼬리, 앞날개 조각을 그려놓으세요. 이때 앞날개 조각은 그려놓은 잠자리의 앞날개와 같은 모양, 같은 크기가 되도록 하세요.

1. 그려놓은 그림대로 모양을 살리며 가위로 자르세요.

2. 풀로 몸통 부분에 꼬리를 붙이세요.

3. 무게추 역할을 하는 앞날개 조각을 양쪽 날개에 붙이세요.

4. 잠자리 머리의 점선 부분을 아래로 접으세요.

5. 접은 종이 부분을 연필심 끝 등 적당한 곳에 올려놓으세요. 연필심 끝에서 떨어지지 않는다면 제대로 균형이 잡힌 것입니다.

6. 연필심 끝에서 떨어지는 경우에는 날개와 꼬리를 적당히 조절하면서 균형을 잡아주면 됩니다.

아슬아슬 넘어지지 않고 손끝에서 멈춰선 잠자리. 너무 신기하지 않나요? 어떻게 잠자리가 손끝에서 떨어지지 않는 것일까요? 잠자리의 머리 부분이 받침점이 되어 앞쪽의 회전력과 뒤쪽의 회전력이 균형을 이루었기 때문이지요. 머리보다 앞쪽으로 튀어나온 부분은 받침점까지의 거리는 짧지만 뒤쪽보다 무게가 더 나가고 반대로 머리 뒤쪽 부분은 가벼운 반면 꼬리가 길기 때문에 양쪽의 균형이 맞춰지는 것이지요. 이해가 되지 않는 친구들은 앞에서 배운 회전력과 균형의 원리를 다시 한 번 읽어보세요.

작품 목록

생각하며
그리는
스케치북

● 오전과 오후에 보는 풍경이 빛에 따라 어떻게 달라지는지 잘 관찰하고 그림으로 표현해 보세요.

(☞『과학이 숨어 있는 명화』P. 13 참조)

■ 나무에 생긴 밝은 점, 즉 태양의 상을 관찰하여 그림으로 그려보세요.

(☞『과학이 숨어 있는 명화』P. 29 참조)

♣ 밝음과 어두움을 대비시켜 선명한 그림을 그려 보세요.

(☞ 『과학이 숨어 있는 명화』 P. 45 참조)

▲ 색점을 찍어 멋진 풍경을 그려 보세요.

(☞『과학이 숨어 있는 명화』 P. 63 참조)

✚ 선원근법을 이용해 거리의 풍경을 그려 보세요.

(☞ 『과학이 숨어 있는 명화』 P. 107 사진 참조)

♥ 여러 시점에서 대상을 관찰하여 재미있게 표현해보세요.

(☞『과학이 숨어 있는 명화』 P. 116, 121 참조)

✳ 상상력을 발휘하여 실제와 다른 친구들의 모습을 그려보세요.

(☞『과학이 숨어 있는 명화』 P. 133 참조)

◆ 친구들의 손을 잘 관찰하여 사실적으로 표현해보세요.

SIGONGART

주소 서울특별시 서초구 서초동 1628-1(우편번호 137-879) 전화 편집(02)2046-2844 · 영업(02)2046-2800 팩스 편집(02)585-1755 · 영업(02)588-0835 홈페이지 www.sigongar